イギリス湖水地方

ピーターラビットの
野の花めぐり

臼井雅美

春風社

もくじ

Ⅲ

夏の光のもとで

Ⅳ

秋の憂いの囁き

Ⅴ　冬に守られる命

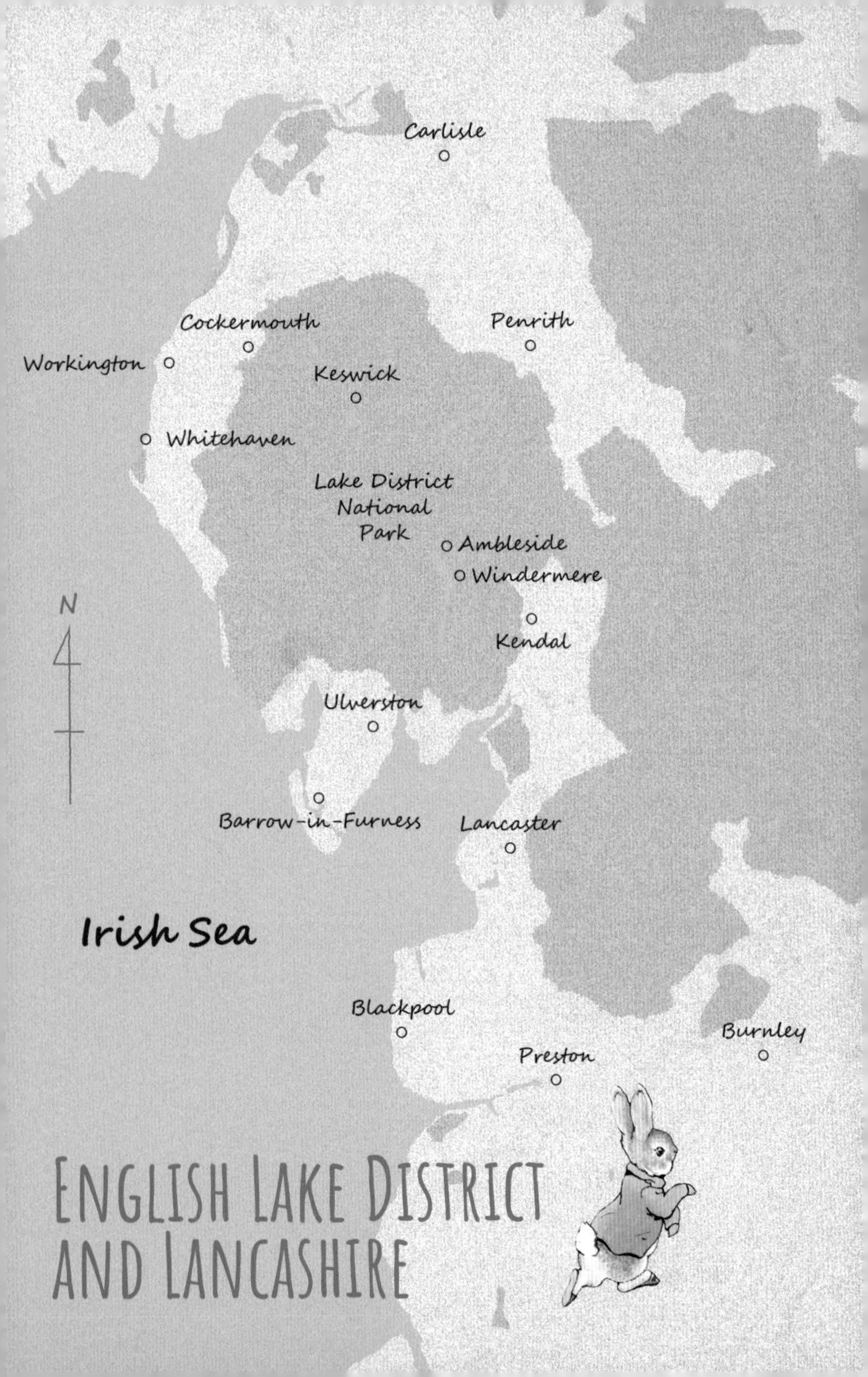
Carlisle
Cockermouth
Penrith
Workington
Keswick
Whitehaven
Lake District National Park
Ambleside
Windermere
N
Kendal
Ulverston
Barrow-in-Furness
Lancaster
Irish Sea
Blackpool
Burnley
Preston
ENGLISH LAKE DISTRICT AND LANCASHIRE

プロローグ

ビアトリクス・ポターの絵本『ピーターラビットのおはなし（*The Tale of Peter Rabbit*）』のシリーズは、世界中の子供たちやファンを魅了するおはなしである。ピーターや彼の家族たちや友人たちは、イギリスの自然の中で生きている。その自然を、著者のビアトリクス・ポターはこよなく愛した。ポターの絵本には、スミレ、デイジー、ジギタリス、ブラックベリーなどイギリスに古くから自生する花や木が描かれている。また、ポターは動物だけでなく、植物の水彩画も残している。

ポターが最も詳しく野の花を描いている作品が、『妖精のキャラバン（*The Fairy Caravan*）』である。一九二九年にアメリカのマケイ社から出版され、イギリスでは自費出版された『妖精のキャラバン』は、ポターが初めてチャレンジしたファンタジー小説である。自費出版は挿絵もなく簡素な表紙である。ポターがアメリカのマケイ社に依頼して製本されていない百部を送ってもらい、最初の十八頁を破棄して、アンブルサイドにあった地元の印刷屋ジョージ・ミドルトンで製本した。イギリスでのコピーライトを登録し、それら百部を親せきや友人に配ったとされている。当時ポターは視力の低下により、以前のように絵付けができなくなっており、絵のアシスタントを探していた。イギリス版が出版されたのは、ポターの死後、一九五二年、ポターの作品のほとんどを出版していたフレデリック・ウォーン社からである。

この複雑な出版逸話の上に、『妖精のキャラバン』は高い評価を得てこなかった。それは、ポターが出版社や読者から期待されていたのは、常に『ピーターラビットのおはなし』のようなかわいい絵本であったからである。その期待とは裏腹に、『妖精のキャラバン』は、全く異なる作品だった。しかし、自分の人生の集大成をしようとしていたポターにとって、『妖精のキャラバン』はいわば終活作品だったのだ。

この『妖精のキャラバン』は、イギリス湖水地方を舞台に、動物たちのサーカス団が旅を続ける長編ファンタジーである。毛がぼうぼうに生えて誰かわからないようになったてんじくねずみのタッペニーが、マーマレードの町を飛び出して、自分を受け入れてくれたサーカス団と旅をする。それは、ポターが長く手に入れたかった自由な放浪の旅である。

この作品には、湖水地方の自然がふんだんに描かれている。特に、野生の植物に関しては、ポターの他のどの作品よりも詳細な記述があり、自然に対するポターの思いが読み取れる。野の花に関してポターの観察力に基づく描写とそれらが持つ妖精の話がちりばめられている。人生の終焉に完成させた作品には、湖水地方の野の花めぐりが描かれているのだ。

ポターの本に描かれている野の花や木は、ピーターラビットにとって、そしてポターにとって、すぐ近くにある植物だったのである。

イギリスはガーデニングで有名である。現在では、ガーデニングはイギリス人にとって教養の一つとなり、彼らはどんなに小さな空間にでも庭を造ることにいそしむ。

『ピーターラビットのおはなし』の中で、マグレガーさんの畑に忍び込んだ野うさぎのピーターは、ゼラニウムの植木鉢をひっくり返してしまう。ゼラニウムは南アフリカ原産で、プラントハンターによって十八世紀末にイギリスにもたらされ、十九世紀には園芸種として人気となった。今やゼラニウムは、イギリス市民の花である。また、地面に植えられたピーターの背と同じくらいの高さのナスタチムは、ペルーの高山で発見されてイギリスにもたらされた。ナスタチムは、観賞用だけでなく食用としても好まれた。

『まちねずみジョニーのおはなし（*The Tale of Johnny Town-Mouse*）』では、田舎のねずみチミーは、自分の庭を自慢する。そこは、バラやなでしこやパンジーが植えられ、小動物や昆虫が訪れる静かな空間である。また、『こねこのトムのおはなし（*The Tale of Tom Kitten*）』では、生垣に植えられたシャクナゲが描かれている。シャクナゲは、十九世紀に中国からヨーロッパに伝わり、イギリスでは別名「イングリッシュ・ローズ」と言われるほど、人気が出る。現在では、個人宅の庭だけでなく、公園地帯や森林地帯にも移植されて、イギリスを代表する花となっている。

このように、十八世紀から十九世紀には、プラントハンターたちが競って海外へ出向き、珍しい植物をヨーロッパに持ち込んだ。プラントハンターは富や名声を得るために個人で渡航した者たちから、王立植物園であるキュー・ガーデンズが派遣する者たちへと移行しても、侵入者であり、ハンターであり、略奪者だった。彼らは未知の世界で、薬や香料などの有用性がある植物から珍しい観賞用の植物までも採集した。それらの中には、改良され、さらに他の国に伝えられたものもある。ゼラニウム、ナスタチウム、シャクナゲも、明治時代に日本にも伝えられた。

イギリスに持って来られた外来種の植物の中には、茶やカカオのように実用のために研究され改良されたものから、園芸種として品種改良されたものまである。十九世紀には、一般市民が、草花を小さな庭に植えたり、鉢植えにして窓辺に飾るようになった。これらの草木には、プラントハンターによりもたらされた外来種が園芸種となり、イギリスに自生する草木と交配をするものもあった。

元来、庭園は、上流階級のみが持つことができた特権的な空間だった。中世の時代から、王侯貴族は屋敷に整形庭園を造り、権力的で閉鎖的な空間を楽しんだ。十八世紀には、広大な私有地に自然の景観をデザインして風景庭園を造ることが流行する。十八世紀から十九世紀に台頭してきた中流階級の人々も、上流階級の屋敷や庭に憧れ、それらを模倣していく。

そのような屋敷や庭は、労働者階級の人々にはかけ離れた空間だった。

十九世紀に入り、余暇を過ごすことが一般市民にも必要とされ、ガーデニングが労働者階級の人々にとって重要な教養になる。特に、狭い空間でも草花を栽培して楽しむ園芸(horticulture)が一つの文化活動となっていった。産業革命により、ミッドランズ、ランカシャー、ヨークシャーやスコットランドでは、炭鉱や工場で働く労働者たちが激増した。彼らは、コテージ・ガーデンに小ぶりの草木を植えて育て、それを競い合うようになる。また、珍しい野生の草花やキノコを探して、野山に探検に出かけることが流行した。現在でも、コテージ・ガーデンや緑地公園に、イギリスの野の花を植えることが好まれている。

ポターは、産業革命で財を成したランカシャーの中流階級の家に生まれた。一家は、普段はロンドンでの生活を好み、夏の休暇はスコットランドや湖水地方の屋敷を借りて過ごした。そのような生活の中から、『ピーターラビットのおはなし』が生まれたのだ。そして、彼女は自分の人生をリセットするために、湖水地方に移り住むことを決意する。

ピーターラビットは、ポターが亡くなるまで暮らした湖水地方のニアソーリー村だけでなく、イギリス全土に住んでいる野うさぎである。また、ピーターラビットがおはなしの中でよく現れるのは、ポターが所有したニアソーリー村の農園ヒルトップであり、『ピーターラビットのおはなし』ではマグレガーさんの農場だと思われている。しかし、ピーターラビットとその家族や友人たちは、自然の中で暮らしている。

そのイギリスの豊かな自然の中には、樹木や野の花が生息している。これらの木々や花の間をぬって、ピーターラビットたちは、暮らしているのである。

イギリスでは、古来の植物が自生する「古森（ancient woodland）」の保護活動が盛んである。古森とは、イングランド、ウェールズ、北アイルランドでは少なくとも一六〇〇年以来、スコットランドでは一七五〇年以来存続している原生の森林地帯を意味する。最も古い例は、五千年前だとされている。古森を特定するために、イギリス原産の植物を指標生物として保護している。

十九世紀には、中流階級から労働者階級に至るまで、森林地などを探索して自生する植物を観察するために採取することが流行した。十八世紀から十九世紀にかけて、自然科学の分野では、動物学や植物学が流行した。特に、中流階級の女性にとって植物学と植物画をたしなむことが教養となる。ポターも菌類学の研究に没頭して、収集をして研究論文さえも書いた。そのときに記録した絵が多く残っている。

また、自生する植物を食用のために採取するフォレジング（foraging）が流行となる。もともとは、動物や昆虫が自然の中で食物を獲得する行為のことである。『ピーターラビットのおはなし』では野うさぎがブラックベリー（blackberry）を、『りすのナトキンのおはなし（*The Tale of Squirrel Nutkin*）』ではあかりすが林の中で木の実を収集する場面が、描かれている。それが、人間が自然の中で、植物、動物、魚介類の狩猟採取生活を行うことも示す。また、貧しい者たちは、自生する植物から栄養分を摂取した。現代に至っては、自然の恵みを楽しむレジャーと変貌を遂げてきた。

ヨーロッパでは秋のキノコ狩り、イギリスではブラックベリー摘みなどのフォレジングが人気のレジャーとなっている。食用（edible）となる植物は、草花から実など様々である。現代においては、環境エンリッチメントの一環として評価されている。

その中でもキノコ狩りは、現在に至るまで最も人気があるフォレジングである。イギリスでは、キノコだけでなく、セイヨウイラクサ（nettle）、ラムソン（ramson あるいは wild garlic）、ブラックベリー、エルダーフラワー（elder flower）、くるみ（walnut）などは、昔から食用として採集された。また、食料難であった第二次世界大戦中は、野バラの実、ローズヒップ（rosehip）がビタミンCを摂取するために採取された。

しかし、十九世紀には産業化、工業化、そして都市化により自然が破壊されていく。風光明媚な湖水地方も、マンチェスター、ランカシャーやリヴァプールなどで炭鉱・鉄鋼業、繊維業や貿易業で成功した中流階級の人々が好んで屋敷を建てて開拓されていき、さらに観光地化が進んだ。ポター家もそのような一族だった。

この産業革命後の自然破壊に対して異議を唱え、自然や文化遺産を保護するために一八九五年に創設されたのが、ナショナル・トラスト（The National Trust）である。湖水地方は最大規模を誇る。

また、十九世紀に帽子などの装飾用羽毛が乱獲され、マンチェスターとロンドンでそれらから鳥類を保護する運動が興った。一八八九年に協会が創設されて、最終的に英国王立鳥類保護協会（RSPB: Royal Society for Protection of Birds）として一九〇四年に認可を受けた。これを受けて、一九二一年には、羽毛保護法も成立した。

ナショナル・トラストなどの自然保護団体の設立以来、二十世紀に入ると、多くの保護法が制定されたり保護団体が作られたりしてきた。というのも、一九三〇年代から一九八〇年代の間に、ブリテン島の牧草地の九十七パーセントが失われたからである。それは、自然景観が失われたことと同時に、自生する植物や動物が姿を消していく結果をもたらすことにもなった。

第二次世界大戦後、一九四九年にはイングランドとウェールズに国立公園が法定化され、湖水地方は一九五一年に国立公園に制定された。国立公園は、先史時代、少なくとも五千年前の地質が残っている地域に制定された。さらに、同じ時期に、国立公園ほどの規模ではないが、保護するべき地域のために特別自然美観地区（AONB: Area of Outstanding Natural Beauty）が、イングランド、ウェールズ、そして北アイルランドに制定された。

そして、一九七二年に創設されたウッドランド・トラスト（The Woodland Trust）は、古森の保護、管理、再生の活動を行っている。ウッドランド・トラストは千以上の森を所有しており、そのうちの三十三パーセントは古森である。

一九八一年には、英国野生生物と田園地帯保護法（Wildlife and Countryside Act 1981）が制定されて、土地の所有者が所有地の植物を採取して売買することが禁止された。これにより、イギリス原産の植物が保護されてきている。

また、一九八三年に歴史的建造物を保護するために創設されたイングリッシュ・ヘリテッジ（English Heritage）と同じ趣旨で、二〇〇六年に、自然保護に関してはナチュラル・イングランド（Natural England）が、公的自然保護機関として設立された。ナチュラル・イングランドにより、ナショナル・ネイチャー・リザーブ（National Nature Reserve）が各地に設置される。

湖水地方は、カンブリア州の大半を占めており、十九世紀からナショナル・トラストにより保護されてきた。それに加え、一九五一年にはイングランド最大の国立公園に認定された。また、二〇一七年には文化的景観が認められて、世界遺産に登録され、他国の湖水地方と区別するために正式名が「イングランドの湖水地方（The English Lake District)」となった。

湖水地方が中心にある現在のカンブリア州やランカシャーに自生する野の花の中には、氷河期の地質と環境の中で存続してきたものが多い。氷河期に作り出された深い渓谷と湖、それらを繋げるように存在する森、草原、川、さらに森林の奥にある石灰岩床、湖水地方から流れ出る川で干潟を作るモアカム湾沿岸の海岸や湿地帯――そこで豊かな自然が育くまれてきた。

湖水詩人の一人サミュエル・テイラー・コールリッジ（Samuel Taylor Coleridge）の娘で翻訳家であり詩人だったサラ・コールリッジ（Sara Coleridge）は、「暦（"The Months"）という詩の中で、一月から十二月までの自然の移り変わりを表現している。一月は雪、二月は凍った湖を溶かす雨、三月にはラッパスイセン、四月にはプリムローズとデイジー、六月にはチューリップ、ユリ、そしてバラ、七月はアプリコットとナデシコ、八月は穀物、九月は果実、そして十月は木の実、十一月は落ち葉、そして十二月はみぞれが降る中、暖炉の火にクリスマスの喜びが訪れるという内容である。

この詩は、一八三四年に出版された子供のための詩集、『良い子のための詩のレッスン（*Pretty Lessons in Verse for Good Children*）』に収められている。この詩は広く受け入れられており、現代ではこの詩の絵本が出版されている。サラ・コールリッジは、イギリスの豊かな自然の恩恵を次の世代の子供たちに伝えているのである。そのメッセージは現代の子供たちにも届いている。

サラ・コールリッジのメッセージは、イギリスの自然を愛し、保護したい人々の思いだった。そして、変革の時代がやって来たのだ。

自然が破壊されつつあった十九世紀から、ナショナル・トラスト、英国王立鳥類保護協会、特別自然保護美観地区やナチュラル・イングランドなどに守られ、豊かな古森や原生林とそこに自生する動物、昆虫、植物の生息が保たれてきている。

現代の湖水地方とその周辺のカンブリア州の各地やランカシャーでは、自然保護活動により再生した自然を体験できる。ピーターラビットたちが出会った野の花、木、そして果実を観察することができるのである。

そこで、ピーターラビットとともに、イギリスの野の花めぐりをしようと思うのである。

I

春の訪れとともに

イギリスの冬は、暗くて寒い。冬至の一か月前頃から、日がぐっと短くなってきて、肌を突き刺すような冷たい風が吹く。湖水地方では雨が多くなり、観光客で賑わった夏の日々が夢物語であったように、静かな時が流れる。

九月中旬からは、オフシーズンに入るため、閉鎖される施設や店舗もあり、バスの便数も減る。森の中の気温もめっきり下がってきて、トレッカーたちの姿もまばらになる。十月になると、雨に濡れながらも自然の変化を楽しみ、十一月には、凍ったような風に向かいながら森の中を歩く。

クリスマス・フェアでウィンダミアを訪れた時、太陽の光を感じたのは二時頃までで、ランカスターの自宅に戻る頃には、真っ暗になってしまっていた。一月末に降った雪は、湖水地方の渓谷や森を白銀の世界に変えた。三月の初めにアンブルサイドに滞在した時には、近くの山々にはまだ雪が残っており、強風と雨で外を歩くこともできないほどだった。

冬と別れて、早春の気配を感じる時期になると、野の花々が咲き始めるのを、人々は心待ちにしている。ピーターラビットや森の動物たちも、まだ冷たい風が吹く中で春の訪れを楽しみにしている。

SNOWDROP

雪の結晶から生まれた妖精
スノードロップ

冬ごもりを終え、久しぶりに早春のウィンダミア湖周辺を散策した。ウィンダミアからボーネスに向かって森の中をロングランズロード（Longlands Road）が通っている。高級別荘なども建てられている森で、植物や動物たちが保護されている。早朝には、鹿に出会うこともある。冷たい風を避けて下を向いて歩いていると、白い妖精たちが、あちらこちらに固まってうずくまっているではないか。スノードロップである。

ポターは『ピーターラビット一九二九年歴（*Peter Rabbit's Almanac for 1929*）』において、うさぎたちが野に咲くスノードロップの群生の中をスキップしている姿を描いている。野原で妖精のようなスノードロップに出会った時、心が解き放たれる。花弁がまだ固く閉ざされているものも、少しのものも、皆一堂に会している。ぴったりとお互いに身を寄せ合っ

て、そして緑の短い葉に足元を守られながらたたずんでいる。

スノードロップは、希望の象徴と言われている。『旧約聖書』の「創世記」において、アダムが人に堕落した時に、荒れた庭で泣いているイヴを慰めに天使がやって来た。その時に、天使はイヴに雪の結晶を吹きかけ、それがスノードロップになったとされる。そこに花が咲き、希望が生まれた。

スノードロップは、中世のローマ・カトリック教会の修道士たちがローマからイギリスにもたらした結果、修道院の周辺に自生するようになった。そして、スノードロップは、教会の花となり、二月二日の聖燭祭、つまり聖マリア御潔めの祝日（Candlemas Day あるいはPurification of the Virgin Mary）において、聖母マリアの象徴となって広まっていった。「二月の娘たち（Maids of February）」、「聖マリア御潔めのベル（Candlemas Bells）」、「メアリーの蝋燭（Mary's Tapers）」などの別名を持つ。

スコットランドで語り伝えられているスノードロップの民話では、ケルトの冬の女神（Cailleach あるいは Beira）が若い女性（Bride あるいは Bridget や Brig）を虐待する。この若い娘に、冬の神（Angus Og）が救いの手を伸ばす。彼女のことが忘れられない冬の神が彼女にもう一度会いに行くと、彼女が森の中を歩く跡には次々と白い花が咲いていた。それがスノードロップであった。彼らは恋に落ち、冬の女神は彼らを追うが、彼らは新たな春の王と王女となる。冬の女神は、春の訪れに打ち勝つことができずに消えてしまう。

このように春の訪れを祝福するスノードロップは、教会の墓地にも咲くため、不吉な花とも言われている。早春に中世の遺跡が残るヒーシャムを訪れた時、セント・パトリックス・チャペルの生垣でもその姿を見せていた。田園地域に住む人々は、現在でも、スノードロップを室内に持ち込まないし、また庭でスノードロップ一輪が咲いている姿を見ると、災難が起こると信じている。

スノードロップは、西イングランド、特にイングランドとウェールズのボーダーに自生していた珍しい花であったという。しかし、四百年の間にイングランド全土に広がった。

スノードロップは、森の中の湿地、落葉の間や、牧場に自生する。昔は、「丸い白すみれ（White Bulbous Violets）」とも呼ばれたそう。自然界では、蜂たちも春一番の蜜を求めてやって来る。その蜂たちを受け入れるやさしい妖精たちである。

学名——Galanthus nivalis
開花時期——二月から三月

ヒーシャムのセント・パトリックス・チャペルに咲くスノードロップ

PRIMROSE

春一番の微笑み

プリムローズ

少し肌寒い早春の日、歩き疲れた時に、地面から放たれた微光に元気をもらう。レモン色の花から、まだ少し早い春の暖かさと明るさを伝わってくる。プリムはラテン語で「一番の」という意味なので、プリムローズは春一番に咲く花ということになる。

ポターの『妖精のキャラバン』では、春の訪れとともに生命が宿ることが、野ねずみの赤ちゃんたちがプリムローズのベッドで生まれることで表現されている。プリムローズは赤ちゃんねずみたちをやさしく包んでいる。

プリムローズは、冬に春を運んでくる。プリムローズの詩をいくつか書いている十九世紀の詩人ジョン・クレア（John Clare）は、寒いクリスマスの日にプリムローズを一束摘み取ったことを記録している。冬を超えて三月になると、春の風に呼ばれたようにプリムローズが森のあちらこちらに咲くため、イースターの新たな命を象徴する。サミュエル・テイラー・コールリッジは詩「プリムローズへ（"To a Primrose"）」において、その花の初々しさに早春の訪れを重ねて描いている。プリムローズは、寒い冬から目覚めて春を伝えてくれるメッセンジャーなのだ。

古森に咲く花であるプリムローズについては、各地に様々な伝説や民話が残されている。ケルト系の人々にとって、プリムローズは聖なる花であり、妖精が好む花だった。そのため、玄関に植えて、妖精が家を守ってもらうおまじないとした。また、プリムローズの花束を牛小屋にかけておくと、家畜を悪霊から守ってくれると信じられていた。五月祭（May Day）の前夜にはプリムローズの花束を玄関に置き、魔女を追い払ったという。

一方で、プリムローズに関して恐ろしい話や不幸な話も語り伝えられてきた。プリムローズの葉や花を食用としていた時代には、プリムローズを食べると見えないものが見えたり、子供は妖精が見えるようになるとも信じられていた。さらに、春一番のプリムローズを摘む時には、その本数が十三に満たないと不幸が訪れると考えられていた。プリムローズを一本だけ家に持ち込むと、不幸が訪れると言われている。地方によっては、飼っているにわとりやかもからひな鳥が一羽しか育たないとか、家族の中に死者が出るとも伝えられてきた。

　プリムローズの二面性は、文学作品にも描かれている。春を告げる花であるために若さや愛を象徴するプリムローズは、それと対立する死や不貞さえも内包する。プリムローズは、シェイクスピアの『シンベリン（*Cymbeline*）』では若者を悼む花であり、プリムローズが咲く道は『ハムレット（*Hamlet*）』では戯れの、『マクベス（*Macbeth*）』では地獄の業火への道なのである。

　プリムローズは、ローマ時代から薬草として重宝されてきた。ローマ人たちは、マラリアなどの治療薬としてプリムローズを用いたとされる。中世の薬草医はプロムローズを万能薬としたほどである。民間療法では、プリムローズ・ティーはリューマチや関節炎に効くとされていた。プリムローズの花のせんじ薬や花を枕に置くだけでも不眠症を和らげる効果があったと言う。またプリムローズの花は結核菌により起こる瘰癧《るいれき》に、プリムローズの葉は切り傷の軟膏として用いられた。プリムローズのジュースは、顔のシミやそばかすから精神障害にも効果があると信じられていた。十九世紀になると、食用花が流行して、プリムローズの砂糖漬け（candied primrose）も人気となる。

　四月十九日はプリムローズの日（Primrose Day）である。一八八二年に、ヴィトリア女王を支えたイギリスの首相ベンジャミン・ディズレーリ（Benjamin Disraeli）を悼んで制定された。彼は自分の領地イングランド南東部のビーコンズフィールドで豊かに咲いていたプリムローズを愛し、背広の折り襟のボタンホールにプリムローズの花を挿していたことで知られている。

プリムローズは、湖水地方のような古来の森に自生するが、乱獲によりその数は減少してきた。ロンドンにプリムローズ・ヒルという、ビートルズの曲にも登場する丘がある。そこは、ロンドンのカムデン区、リージェンツ・パークの北に続く小高い丘である。十七世紀頃、プリムローズが咲くことにちなんで名付けられた。ロンドンが都市化する以前の話で、広大な王領の森の一部だった時代のことである。

西ヨーロッパから南ヨーロッパ、トルコ、アフリカまで広く自生している。イングランドの西部で、気候が穏やかなところでは、道端や野原に、東部で夏に乾燥期が続くところでは、森林の日陰にのみ自生する。ヨーロッパでは他の色のプリムローズも自生する。

園芸用に品種改良されてきているが、自生するプリムローズの質素で愛らしい姿にはかなわない。日本では、明治時代に到来して以来、原色の鮮やかなプリムローズが園芸用に品種改良されてきている。

『妖精のキャラバン』より、プリムローズ

学名―― Primula vulgaris
開花時期―― 一月から五月

VIOLET

可憐な少女

スミレ

ふと足元を見ると、可憐な少女のようなスミレが、たたずんでいる。知らない間に、少女たちがあちらこちらから集まってきたよう。特に、ニオイスミレ（Sweet Violet）は花だけでなく葉からもよい香りがする。ニオイスミレと非常によく似たコモン・ドッグ・ヴァイオレット（Common Dog Violet）は無臭である。

ポターの『まちねずみジョニーのおはなし』で、春のスミレの香りの効果が書かれている。農家の野菜畑で産まれたねずみのチミーは、間違って町に行ってしまい、町のねずみのジョニーと出会う。しかし、ジョニーたちの生活や食事に合わず、チミーは田舎に帰って来る。そして、冬を過ごし、春になった時に、土手の穴の住処にすわって、スミレや草の臭いをかぐのだ。挿絵では、チミーは、スミレや草を穴に敷き詰めて過ごしている。

豊かな香りのため、ニオイスミレはギリシャ時代から香料に用いられてきた。古代ブリテン島でも香水に、また、中世イングランドでは、家庭用消臭剤として使われた。床にニオイスミレを敷き詰めて、床の臭いを消したという。

また、ローマ人たちは、薬として、また食用として、スミレを重宝した。首飾りや冠にして、酔い、頭痛、不眠、めまい、憂鬱を予防した。そして、防臭や医学的な用途からアロマ効果、さらにワインなど食用にまで広がる。

スミレの砂糖漬け（sugared violets、あるいはcandied violets）は、ハプスブルク家の皇妃エリザベートが愛したお菓子である。十九世紀には、フランスのトゥールーズにある小さな製菓会社デデュー・キャンディフロール（Dedieu Candi Flor）がスミレの砂糖漬けを商品化して、世界に輸出していた。ヴィクトリア女王も好んだとされ、イギリスではお菓子のデコレーションに使われるようになる。今でも、春が訪れる時期になると、砂糖と卵白で作るスミレの砂糖漬けのレシピや、スミレの砂糖漬けを散らしたケーキやクッキーの作り方などが新聞や雑誌などで紹介される。

ヴィオレットは、ラテン語のヴィオラ（viola）が語源である。ギリシャ神話やローマ神話では、川の神の娘で美しいイア（Ĭō、あるいは、イオ）に由来する。その神話の一つは、太陽神アポロが、美しい娘イアに恋をしたが、イアは恋人とアポロの板挟みになる話である。イアは、貞操の女神アルテミスに花の姿に変えてほしいと頼み、スミレの花に変わったとされる。どの神話でも、イアは悲しい最後を迎えて、スミレとなるのだ。

フランスでは、スミレはナポレオンと妻ジョセフィーヌとの愛の証として人気が出る。彼が離婚してエルバ島に流された後も、またセントヘレナ島で処刑されても、スミレは人々に愛され続けた。

イギリスでは、ヴィクトリア時代から第一次世界大戦前まで、スミレは友情の証として最も人気があった。「あなたのことを想っています（"Thoughts of you"）」のメッセージとともに、スミレの挿絵がカードに用いられた。また、女性たちが、コサージュなどの装飾に用いることが流行し、香水の中でスミレオイルは最も売れた。しかし、第一次世界大戦の勃発とともに、その人気は突然衰えた。

スミレは、ヨーロッパからアジアまで広く自生している。イギリスでは、少し暖かくなった頃、主に生垣や土手などの半日陰のところに自生する。濃い紫、薄紫、そして白と色も様々。すきまない葉群の中から、細い首を出して花を咲かせる。

『まちねずみジョニーのおはなし』より、スミレ

学名——Viola mandshurica
開花時期——二月から四月

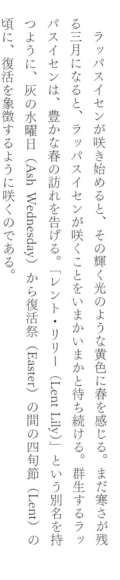

DAFFODIL

光の訪問者 ラッパスイセン

ラッパスイセンが咲き始めると、その輝く光のような黄色に春を感じる。まだ寒さが残る三月になると、ラッパスイセンが咲くことをいまかいまかと待ち続ける。群生するラッパスイセンは、豊かな春の訪れを告げる。「レント・リリー（Lent Lily）」という別名を持つように、灰の水曜日（Ash Wednesday）から復活祭（Easter）の間の四旬節（Lent）の頃に、復活を象徴するように咲くのである。

このように春を告げる花であるため、苦難を克服する精髄の象徴とされた。ラッパスイセンの花束は、許しを請うために、あるいは誠実さや感謝のしるしとして送られた。

ラッパスイセンは、古代には、「からすのベル（Crow Bells）」と呼ばれていた。球根には睡眠作用など高い毒性があるため、家畜が放牧されている牧草地からは取り除かれてきた。ギリシャ語で「惑わす（narke）」を語源とするように、野生動物たちは、その美しい花に惑わされて命を落とすのである。しかし、ローマ人たちは傷を治す薬として使ったと言う。

一般に、スイセン（Narcissus）の神話は、最もよく知られている。ギリシャ神話では、美青年のナルキッソス（Narkissos）が、高慢さゆえに復讐の女神ネメシスに呪いをかけられる。その呪いで、水面に写った自分の姿に恋をして、死んでしまう。その水辺に咲いたのがスイセンだと言われている。自己愛（narcissism）の語源となった。

この伝説のためか、中世のヨーロッパでは、花が垂れている一本のスイセンは不運や死を表した。

ラッパスイセンは、湖水詩人のウィリアム・ワーズワース（William Wordsworth）の詩で有名である。詩の原題は、「わたしは雲のように一人さ迷い歩いた（"I Wandered Lonely as a Cloud"）」であるが、一般に「スイセン」の詩として知られている。ワーズワースは、湖水地方のコッカマスに生まれ、大学卒業後に湖水地方に戻り、主にグラスミア、そしてライダルに住んだ。彼は妹のドロシー・ワーズワース（Dorothy Wordsworth）と広く湖水地方を散策し、アルズウォータ（Ullswater）を訪れた際に、このスイセンの詩を書くインスピレーションを得たと言われている。実際は、その時の様子をドロシーが克明に日記に書き記しており、それをワーズワースが詩を書く時のヒントとした。

また、ワーズワースは娘のドラ（Dora）を亡くした後、終の棲家となったライダル・マウント（Rydal Mount）の傾斜地にたくさんのラッパスイセンの球根を植えた。現在では、「ドラズ・フィールド（Dora's Field）」はナショナル・トラストに管理され、フットパスが通り、一般に公開されている。

ラッパスイセンは、ヨーロッパでは、地中海沿岸の北アフリカからイベリア半島、そして南ヨーロッパからイギリスにかけて自生している。イギリスでは、主に西部から南部にかけて森や野原、川岸や湖岸などに広く自生している。

学名——Narcissus pseudonarcissus
開花時期——三月から四月

ライダル・マウントのそばにあるドラズ・フィールドのラッパスイセン

WOOD ANEMONE

地面に散った星の群れ

ヤブイチゲ

小さな白い花は、空から落ちてきて地面に散らばった星のようである。ヤブイチゲもまた春を告げる花であり、古来の森に自生する。H・G・ウェルズ（H.G. Wells）は、小説『ミスター・ポリーの人生（*The History of Mr. Polly*）』の中で、森の中で春を告げる花として、プリムローズとともにヤブイチゲをあげている。

ヤブイチゲは森の中で広く群生して、グランドカバーとなっていくのだ。そして、緑の葉を背景に星一杯の風景を作り出す。しかし、気分屋の小さな花は、夜や天気が悪い日には閉じてしまう。

ヤブイチゲは英語ではウッド・アネモネである。アネモネの学名は、風を表すAnemosと陰りを表すnemorosaから成る。ギリシャ神話では、西風の神であるゼファー（Zephyr）

が、ニンフであるアネモネに恋をした。嫉妬した花の女神がアネモネを花に変えて、北風の神ボレアス（Boreas）のもとに送ってしまう。アネモネへの愛がかなわなかったゼファーは、アネモネをゆすって、無理に花を咲かせたという。

それ以来、アネモネは、三月のまだ強い風の中で咲くようになった。そのため、アネモネは「風の娘」と言われ、別名は、「風の花（Windflower）」である。また、ヤブイチゲを積むと雷が落ちると信じられていた地方では、「落雷（Thunderbolt）」とも呼ばれている。風の中に放り出された様子から、花言葉は「孤独」あるいは「わびしさ」である。

このように悪天候の中でも咲くヤブイチゲの花は、ハチや蝶を引き付けるだけでなく、野生のウサギ、ネズミ、ハタネズミのエサともなる。食用であるが、人が食べる場合は火を通す必要がある。レモンの味がするため、ヨーロッパではジャム作りに使われてきた。毒性があるヤブイチゲは、古くから薬草としても使われてきた。ヤブイチゲの根は、昔からロシアや中国においても、民間療法で使われていた。古代ギリシャでは、春一番に咲いたヤブイチゲを摘んで、病気が治るようにおまじないをした。それがイギリスにも伝えられたという。

広くヨーロッパ、北アメリカ、アジアに分布しており、イギリスでも各地に自生する。湿地帯の牧草地、低木地、石灰岩床などで、日当たりがよいところに咲く。
古森で自生するヤブイチゲの特徴は、成長が極めて遅く、百年で六フィートしか成長しない。このことから、ヤブイチゲの群生の規模により、その古森がどのくらい古いかということがわかる。

学名――Anemone nemorosa
開花時期――三月から五月

II

初夏への扉

四月も半ばになると、やっと陽の光が暖かく感じられるようになり、外に出ていくことが心地よくなる。そして、新たな花たちとの遭遇に心躍る。

本格的なフェルウォーキングの季節が始まり、ランカスターからケズィック行のバスには、途中のバス停からも次々にウォーカーたちが乗り込んでくる。日帰りの軽い装備で身を整えた地元の人たちが多い。森林に入ると温度が下がり、雨が降って来るとさらに体感温度が下がる。しかし、森では、春の終わりから夏の始まりを告げる花々と出会う。

四月末から五月になると、森の中にはブルーベルの絨毯が敷き詰められ、そのブルーベルと入れ替えに白いラムソンが咲き乱れる。

五月にケンダルの石灰石舗床を訪れると、石灰岩の道の脇には初夏を告げるオダマキの花が咲いていた。雨上がりで石灰岩の道はすべりやすく、脇の土を探すのであるが、そこに生息するオダマキをそっとよけて通らなくてはならない。

また、高地へと登って石灰石のグラスランドを歩くと、紫のアーリー・パープル・オーキッドがあちらこちらに咲いている。園芸デザイナーとしても名を残している二十世紀の女性作家ヴィタ・サックヴィル＝ウェスト（Vita Sackville-West）は、著書『サム・フラワーズ（*Some Flowers*）』の中で、フリティラリア、アラム、そしてオーキッドは、イギリス原種とは思えないほどエキゾチックだと述べている。しかし、それらもまた、イギリスの野の花なのである。

春から夏への花々が待ってくれている。

FRITILLARIA

うなだれた黒服の貴婦人

フリティラリア

黒っぽい紫の花は、ベルの形をして、細い茎から伸びた先について、花の茎からまっすぐ下を向く。花の表面は、格子柄あるいはチェス模様が浮かび上がるものがあり、それが蛇の皮の模様にみえる。その姿から、「ヘビの頭（Snake's Head）」という別名を持つ。その通名にもかかわらず、日の光の下で透き通るような薄い花びらは美しく、その姿に人々は魅了されてきた。

フリティラリアがヨーロッパで最初に記録されたのは、十六世紀である。また、アジアなどからもヨーロッパに伝えられた。学名のFritillariaは、花表面のチェック柄がサイコロを入れる筒に似ていることに由来する。しかし、フリティラリアは西洋古代においては言及がなく、ギリシャ・ローマ神話には現れない。

フリティラリアは、十九世紀頃には、テムズ河川岸にも多く自生していた。それを人々が摘み、またロマの人々が摘んでは街角で売っていた。切り花として人気を博して、乱獲され、コベント・ガーデンの花市場で売られるようにもなった。そのため、野生のフリティラリアの数は減少してしまう。園芸種の品種改良も進んだが、現在では野生のフリティラリアは絶滅危惧種である。トレッキング中にフリティラリアと遭遇すると感動をもたらす花である。

その美しさから、フリティラリアは、多くの作家や画家に愛された。シェイクスピアから二十世紀のヴィタ・サックヴィル＝ウェストまで作品の中で描いた。サックヴィル＝ウェストは、イギリスの田園に広がる自然をうたった『ザ・ランド（*The Land*）』の中で描いている。

球根は有毒であるが、北米やアジアでは薬として用いられた。中国では二千年前から漢方薬として重宝されていた。現在では、咳止めシロップの製造の際に用いられている。

フリティラリアは、北半球の温帯地域、ヨーロッパの地中海沿岸から北アフリカ、またユーラシア大陸からアジア、さらに北アメリカに至るまで広く分布しており、その種類は百三十種とも百五十種とも言われている。日本では、中国由来の貝母《バイモ》という名で茶花としても重宝される。

学名――Fritillaria meleagris
開花時期――四月から五月

ランカスター、ルーン川岸、フリティラリア

COWSLIP

寄り添ってうなだれているの

キバナノクリンザクラ

イギリスではカウスリップと呼ばれ、古英語で「牛の糞」という意味である。これは、牛の糞が落ちているところに生えるということだそうである。また、カッコウの鳴き声「ククー」とも呼ばれている。他のサクラソウと同様に、葉は地面についてロゼット状に広がる。しかし、花は、長い茎のてっぺんにいくつものベルの形をした花をつけると、それが垂れ下がり、四方に広がる。春から初夏にかけて、牧場や道の脇などに咲く。

キリスト教では、カウスリップは使徒ペテロ（あるいはペトロ、St Peter）のハーブで天国への鍵だと言われている。イエスから天国への鍵を託されたペテロが、鍵を地上に落としてしまった。そこにこの鍵のように広がった形のカウスリップの花が咲いたとされている。そのため、「聖ペテロの鍵」とか「天国の鍵」という別名を持つ。また、この下向きの花は、妖精の隠れ家だと言われている。シェイクスピアの『テンペスト（*The Tempest*）』では、アリエルの歌の中で、カウスリップのベルの中にいることが描かれている。

カウスリップは、食用や薬として用いられた。ポターの『セシリ・パセリのわらべうた（*Cecily Parsley's Nursery Rhymes*）』の中で、宿屋のおかみさんがカウスリップワインを醸造するという節が出てくる。原文では"good ale"となっているが、挿絵では、小さな黄色いカウスリップの花をたくさん準備している様子が描かれている。これは、イギリスではカウスリップの花から発酵飲料カウスリップワインを作ったことを表している。十二世紀のベネディクト会の修道女ヒルデガルト・フォン・ビンゲン（Hildegard von Bingen）は、カウスリップを鬱に効くとした。また、ジョン・クレアもカウスリップワインが片頭痛に効くことを述べている。

花の中に細かな赤い斑点があるために、若さと美を保つ魔力があると思われていた。民間療法では、カウスリップティーは不眠症に効くとされ、子供の痼癪を落ち着かせる効果もあると信じられていた。温かい風呂にカウスリップを浮かべると疲労回復に効くとも言われた。また、プリムローズと同様に、サラダや砂糖漬けにしてケーキの飾りに使われた。

ヴィクトリア時代には、カウスリップの花を固めてボールにして遊ぶゲームが未婚の女性たちの間で流行した。女性たちが歌いながら、順番に村の独身男性の名前を呼び、ボールを投げる。もしボールを落としたら、その前に読んだ名前の男性と結婚するのだそうだ。

広くヨーロッパに分布している。イギリスでは、古代から続く牧場や森に自生する。特に干し草用の牧草地、古森、生垣によく見られた。しかし、環境の変化でカウスリップの群衆は激減している。

学名―― Primula veris
開花時期―― 四月から五月

『セシリ・パセリのわらべうた』より、カウスリップ

ARUM

早く私を探して

アルム

イギリスでは「君主とお妃（Lords and Ladies）」と呼ばれる。まだ雪が残る中で芽を出し、夏の初めにかけて育ち、先頭がとがった葉に沿うように先がさらにとがったカラーのような花をひっそりと咲かす。薄い緑がかかった白い花びらの真ん中には、紫色の花穂が顔を出す。そして、白い花の肉穂花序が膨らんで、そこから真っ赤な実が現れる。このため、別名「血まみれの男の指（Bloody Men's Finger）」とも言われる。

アルムをめぐる神話は、アルムが持つ毒性と相まって生まれた。根に毒性があることから、悪魔がアルムから毒を抽出したと言われてきた。しかし同時に、古代からアルムには栄養分があることが知られており、春に得られる恵みでもあった。キリスト教において、約束の地を訪れた密偵たちに与えられた実であるとされている。そのため、アルムの肉花穂

の大きさにより、収穫を図る習慣も各地に残っている。
広くヨーロッパに分布して、イングランド南部で特に多く自生する。

学名――Arum maculatum
開花時期――一月から六月

BUTTERCUP

たくさん集まって、何のおはなし？

キンポウゲ

春にたくさん集まって咲く黄色い小さなキンポウゲの花は、子供時代とともによく語られる。学名のラテン語Ranunculusのranaは、小さなカエルという意味で、これはキンポウゲが水際や湿地帯に生えていることが多いからだと言う。

イギリスでは、十八世紀までは、三つに分かれた葉の形がカラスの足に似ているために「クロウフット（Crowfoot）」と呼ばれていた。キンポウゲには様々な種類があり、また多色でもある。特に、黄色いハイキンポウゲ（Creeping Buttercup）やセイヨウキンポウゲ（Bulbous Buttercup）が自生している。

ヴィクトリア時代には、キンポウゲは子供らしさを象徴していた。子供たちは、キンポウゲをあごの下に当てて黄色い色を映した。それがよく映るとバターが好きとか、金持ちになるとかを競う子供たちのゲームがあった。キンポウゲがはいったブーケは、子供っぽい無邪気さや未熟さを表した。また、キンポウゲだけのブーケは、愛する人に子供っぽい行いをやさしくいさめるために贈られたという。さらに、牧場いっぱいに群生する黄色い色は富を表すために、キンポウゲの大きな花束のメッセージは、お金持ちになってほしいということだった。

アイルランドでは、五月祭の時に牛飼いたちがキンポウゲの花を牛の乳腺にこすり、ミルクを多く出すことを願った。六月二十四日の洗礼者ヨハネの祝日と夏至（Midsummer's Day）には、牛にキンポウゲの花輪を付けて、ミルクの恵みに感謝した。キンポウゲの花の黄色から、ミルクから作られるバターの黄色が連想されたからである。

民間療法では、キンポウゲは瘰癧に効くとされた。キンポウゲの根はペストに効くと信じられていた。さらに、キンポウゲの花輪を首にかけると精神疾患が治るとされた。

ヨーロッパ、アフリカ、北アフリカにまで世界的に広く分布している。

学名――Ranunculus
開花時期――五月から六月

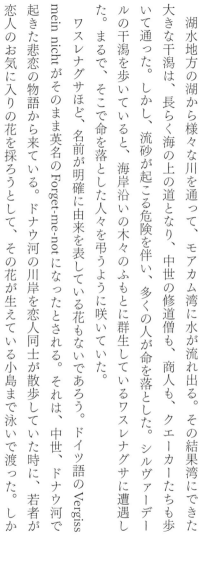

Wood Forget-Me-Not

待っていますからね

ノハラワスレナグサ

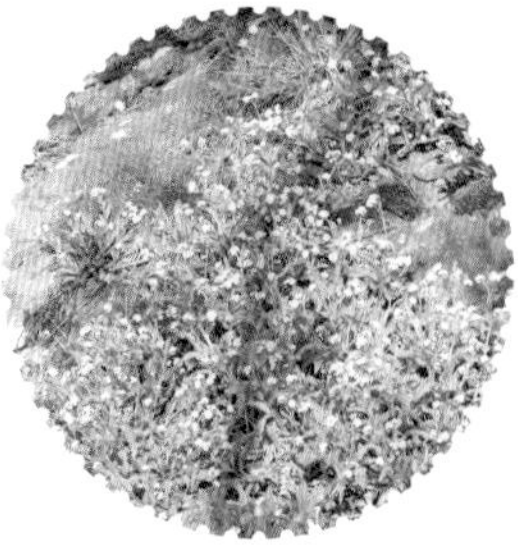

湖水地方の湖から様々な川を通って、モアカム湾に水が流れ出る。その結果湾にできた大きな干潟は、長らく海の上の道となり、中世の修道僧も、商人も、クエーカーたちも歩いて通った。しかし、流砂が起こる危険を伴い、多くの人が命を落とした。シルヴァーデールの干潟を歩いていると、海岸沿いの木々のふもとに群生しているワスレナグサに遭遇した。まるで、そこで命を落とした人々を弔うように咲いていた。

ワスレナグサほど、名前が明確に由来を表している花もないであろう。ドイツ語のVergiss mein nichtがそのまま英名のForget-me-notになったとされる。それは、中世、ドナウ河で起きた悲恋の物語から来ている。ドナウ河の川岸を恋人同士が散歩していた時に、若者が恋人のお気に入りの花を採ろうとして、その花が生えている小島まで泳いで渡った。しかし、若者が花を摘んで川岸に戻ろうとする際に、流れに飲み込まれてしまう。その時、若者は恋人に向かって花を投げ届けると、「僕を忘れないで！」と言って、消え去ってしまった。それ以来、恋人は死ぬまでその花を髪にさしていた。

ワスレナグサは、この悲恋の物語から、愛情を象徴する。そこから、フランスでは、「聖母マリアの眼」と呼ばれるようになった。

また、アダムがエデンの園にある植物に名前を付けた時に、小さすぎて見過ごされた花があり、それに気付かされたアダムは、もうその花を忘れないようにと、「ワスレナグサ」という名にしたという。そこには、小さくて目立たないが美しい花への思いがある。

しかし、ワスレナグサが象徴する愛情は、必ずしも無償の愛だけではなく、「私を忘れるな」という威圧や権威をも表すようになる。イングランド王となったヘンリー四世は、流刑になった時に、「私を忘れるな」という願いを込めてワスレナグサを紋章とした。一三九八年のことである。しかし、翌年ヘンリー四世は王位に復活した。そのため、ワスレナグサはロイヤル・シンボルともなった。

ワスレナグサは、ヨーロッパ、ユーラシアからアジアなど世界中の温帯地域に分布している。野生のワスレナグサは、森の湿地帯や水辺に多く自生する。現在は交配されて、園芸種が多く出ている。ワスレナグサは、決して忘れられないくらい愛されている花である。

学名——Myosotis alpestris
開花時期——五月から六月

シルヴァーデールの干潟に群生するワスレナグサ

BLUEBELL

わたしたちの世界へようこそ

ブルーベル

ラッパスイセンの時期が終わり、少し経つと、森の中にブルーベルの絨毯が敷き詰められる。ブルーベルは、「野生のヒアシンス」、「森のヒアシンス」と呼ばれるように、ヒアシンスの一種である。釣鐘のような細く小さな青い花は、同じ方向を向いて垂れる。特に、イギリスに自生するブルーベルは、春から初夏に移っていく森にさわやかな風をもたらしてくれるようだ。

ヒアシンスの名前は、ギリシャ神話の美少年ヒュアキントス（Hyakinthos）に由来する。彼は太陽神アポロン（Apollōn）と西風の神ゼピュロス（Zephyros）の板挟みになり、アポロンを好きだと言ったために、ゼピュロスに復讐される。ゼピュロスは自らの風の力を使って、アポロンが投げた円盤がヒュアキントスにあたるようにしむけて、ヒュアキントスを

殺してしまう。額に傷を負ったヒュアキントスが流した血から現れて、花が咲いた。アポロンは、彼を美しい花にして残した。それがヒアシンスだと言われている。

イングランドでは、ブルーベルは守護聖人聖ジョージ（古代ギリシャでは聖ゲオルギウス）に捧げられたため、「聖ジョージの花（St George's Flower）」とも呼ばれている。聖ジョージは、十字軍と百年戦争の時代の民間信仰において聖人崇拝の対象として確立された。この聖人崇拝は十八世紀には衰退するが、イングランドの文化遺産として復活して、現在ではドラゴン退治の伝説とともに四月二十三日の聖ジョージの日には、各地でお祭りが開催される。

聖ジョージの日には、イングランドの国旗セント・ジョージ・クロス（St George Cross）が掲げられる。イングランドの国旗は、白地に聖ジョージの流した血が赤い十字で描かれている。伝説では、聖ジョージは、悪いドラゴンの支配から村を守り、さらわれた姫を救ったというローマ兵であった。彼が殉教した命日が四月二十三日とされている。それ以降、中世ではペストなどの疫病からも人々を守ってくれた聖人として信奉された。

また、ブルーベルは、妖精の花として知られている。ブルーベルがベルを鳴らすと、妖精たちが集まると言われている。そのベルを聞いた人間のところには悪い妖精がやって来

戯作者の命脈
坂口安吾の文学精神

大原祐治 著

無数／無名の「ラムネ氏」達が「自らの生を尊びバトンを渡」す反復に歴史の実相を見る戯作者の魂。安吾もまた一人の「ラムネ氏」だ。▼四六判上製・三九二頁・四〇〇〇円

1960s失踪するアメリカ
坂口安吾の文学精神

大場健司 著

「失踪」を鍵語に、作品群から一九六〇年代の時代相を浮かび上がらせる。「失踪」とは、かけがえのない個人になるためのプロセスだ。▼四六判上製・四三二頁・四五〇〇円

ダグラス

ジョン・ヒューム 著／三原穂 訳

シェイクスピアからの影響を受けた、ゴシック演劇の先駆『ダグラス』（悲劇、初演一七五六年）が新訳でよみがえる。▼四六判上製・一六二頁・二四〇〇円

句集 暾《とん》

三浦衛 著

故郷秋田の光と山河から生活の諸事万端までの春夏秋冬を詠む。佐々木幹郎氏による序詩「一人の男」を併収。▼A5変型判上製函入・二一〇頁・二五〇〇円

予測と創発
理知と感情の人文学
中村靖子 編

ドイツ文学、フランス文学、心理学、インド哲学、応用数学、感情史、美術史等の諸分野を横断し「予測と創発」をめぐり思考する十一の刺激的論考。▼四六判上製・五〇六頁・四五〇〇円

ロマン主義的感性論の展開
ノヴァーリスとその時代、そしてその先へ
高橋優 著

ノヴァーリスを中心とするドイツ・ロマン主義の作家の活動を「感性の復権」と位置づけ、現代におけるロマン主義的感性論を再評価。▼四六判上製・三二六頁・三六〇〇円

終わりの風景
英語圏文学における終末表象
辻和彦・平塚博子・岸野英美 編

文学作品において描かれる環境問題、自然災害、社会変動などの終末表象に着目し、「終わり」を新たな可能性として捉え、読み解く。▼A5判並製・二四〇頁・三一〇〇円

果樹園の守り手
コーマック・マッカーシー 著／山口和彦 訳

デビュー作の初訳。一九三〇年代のテネシー州アパラチア山脈南部を舞台とした、交差する三人の物語。▼四六判並製・三二六頁・二五〇〇円

人形とイギリス文学
ブロンテからロレンスまで
川崎明子 著

19世紀から20世紀のイギリス小説における人形を分析。人間と非人間、生物と非生物の関係を吟味し、人間を人間として扱うことの意味を問う。▼四六判上製・二七〇頁・三四〇〇円

『狐物語』とその後継模倣作における パロディーと風刺
高名康文 著

12世紀から13世紀の北フランスで成立した、狡猾な狐「ルナール」の物語群とその後継作を、同時代のパロディーと風刺から読み解く。▼A5判上製・四一八頁・四五〇〇円

〈怒り〉の文学化《テクスト》
近現代日本文学から〈沖縄〉を考える
栗山雄佑 著

一九九五年九月四日、沖縄県民にとって衝撃の事件が発生。〈怒り〉を暴力として放出するのではなく、文学で昇華することはできるのか。▼四六判上製・四四六頁・四二〇〇円

賢治の前を歩んだ妹　宮沢トシの勇進
山根知子 著

宮沢トシ自身の言葉による新資料を読み解くことによりトシの実像に迫り、賢治のまなざし、兄妹の精神のエコーを聴きとる。▼四六判上製・五〇〇頁・四五〇〇円

春風社
〒220-0044　横浜市西区紅葉ヶ丘53　横浜市教育会館 3F
TEL (045)261-3168 ／ FAX (045)261-3169
E-MAIL：info@shumpu.com　Web：http://shumpu.com

この目録は 2023年6月作成のものです。これ以降、変更の場合がありますのでご諒承ください（価格は税別です）。

て、その人は死んでしまう。ブルーベルを摘むために森に迷い込んだ子供は、その妖精に連れ去られると信じられていた。

ブルーベルは昔から様々な実用的な用途に使われてきた。エリザベス時代には、大きなレースの襟をブルーベルの球根からつくった糊でパリッとさせた。ブルーベルの液汁は、接着剤として使われてきた。弓に鳥の羽をつける時や、製本のためにも使われた。

ブルーベルの液汁は有毒であるため、製本の際に虫食いを防ぐ役割も担った。また、ブルーベルは悪魔を見ることを防ぐ効果があるともされた。十三世紀の修道士たちは、蛇にかまれたときの特効薬として、またハンセン病の治療薬としてブルーベルの液汁を用いた。

北西ヨーロッパが原産で、特にヨーロッパではブルーベルが広く自生する森を「ブルーベルの森」を呼ぶほどである。現在イギリスで多く自生するブルーベルは、外来種のスパニッシュ・ブルーベルで、イングランド原産のイングリッシュ・ブルーベルは保護植物に認定されている。

学名――Hyacinthoides non-scripta
開花時期――四月から六月

『妖精のキャラバン』より、ブルーベルの精

アーンサイドの森に咲くブルーベル

RAMSON

そんなに急いで通り過ぎないで

ラムソン

紫のブルーベルの時期が終わると、森の中にはそれと入れ替わるようにラムソンの白い花が咲き始める。薄暗い森は、白い花々で明るくなるとともに、にんにくの香りに満たされる。通名クマネギ、クマニラあるいはクマニンニクからもわかるように、クマが冬眠から目覚めて最初に食べることが由来とされる。ブルーベルが森の中の半日陰に広がることに対して、ラムソンは森の中でも、道路の脇にも広がるたくましさを持つ。

ラムソンは、幅が広くつやのある緑の葉が生い茂り、そこに先に蕾をつけた長い茎が伸びてくる。その蕾が開花すると、ニラの花のような星形の白い花がボール状のマッスになって咲く。

ラムソンは、「ワイルドガーリック（Wild Garlic）」という別名の通り、花が咲く前の若葉が食用とされてきている。栄養価も高いため、春から初夏のフォレジングでは人気のラムソンだが、花が咲く前はスズランの葉と間違えられることが多く、毒性のスズランの葉をラムソンと間違って食べて中毒を起こすので注意しなければならない。若葉をそのままサラダにしてもよいし、ペースト、パスタソース、またスープにしたりする。ラムソンを使ったレシピはいろいろと紹介されており、パン生地に入れて焼いてもよいし、バター蒸しなどにして肉料理の添えにもできる。

ヨーロッパの森林の日陰に広く自生する。イギリスでは、湿気がある森や野原、川や水路のそばに群生する。

学名—— Allium ursinum
開花時期—— 四月から六月

シルヴァーテールの森に群生するラムソン

GARLIC MUSTARD

海を越えた侵入者
ガーリック・マスタード

イギリスでは「ジャック・バイ・ザ・ヘッジ（Jack-by-the-Hedge）」と呼ばれている。なぜジャックという人の名前が付いているかというと、その名前から親近感を感じるからだそうだ。

ガーリック・マスタードは、長い茎に、ぎざぎざが周囲に入ったハート形の葉がつき、その先に白い小さな花がかたまって咲く。春を告げるように、岸辺や生垣のそばに柔らかな新芽を出して、初夏にかけて明るい白い花をつける。

葉は砕くとニンニクの臭いがすることから、ヘッジ・ガーリックとも呼ばれる。食用でもあり、葉はサラダや魚料理のソースとして使われた。

民間療法では、種を砕いてワインで沸騰させて温かいうちに摂取すると、鼓腸、疝痛、結

石などに効果があると言われた。また、殺菌作用があるとされ、傷や潰瘍の湿布にも使われた。葉は、むくみに効くとされ、シロップにすると喘息にも効くとされた。このように食用としても重宝されて、医学的効果があったために、十九世紀には入植者たちがヨーロッパからアメリカ大陸に持ち込んだ。そして、アメリカ大陸で自生するようになる。しかし、繁殖力が極めて高く、外来種として生態系に悪影響を与えている。

広くヨーロッパから西アジアに分布しており、イギリスでは広く自生する。

学名―― Alliaria petiolata

開花時期―― 四月から七月

Early Purple Orchid

紫の手袋に包まれて
アーリー・パープル・オーキッド

初夏になると、ケンダルの石灰岩の岩床が広がる地域には、あちらこちらに濃いピンク色の花が咲き始める。野生のランの一種で、春一番に咲くアーリー・パープル・オーキッドである。イギリスで自生するランの中で最もポピュラーなランである。

アーリー・パープル・オーキッドの根には大きな球根と小さな球根がついている。ギリシャ時代、男性が大きな球根を食べると男の子が生まれ、女性が小さな球根を食べると女の子が生まれると信じられていた。スコットランドのハイランドでは、大きな球根を食べると誰かが自分に恋をして、小さな球根を食べると誰かに嫌われると言われていた。また、キリスト教では、アーリー・パープル・オーキッドの緑の葉に紫色の斑点が出るのは、十字架にはりつけられたキリストの血が滴ったものだと言われている。

シェイクスピアは『ハムレット』の中で、アーリー・パープル・オーキッドを、「死人の指（“dead men’s fingers”）」に喩えている。
南、西および中央ヨーロッパやトルコに自生する。

学名――Orchis mascula
開花時期――五月から六月

LILY-OF-THE-VALLEY

涙のビーズが並びます

スズラン

スズランは、「五月の花（May Flower）」とか「五月のユリ（May Lily）」と呼ばれているように、五月頃に咲く。北欧神話では、春の女神オスタラ（Ostara）はスズランの守護神である。

そして、スズランは、華々しくなる春の真っ盛りの中で、森の日陰にひっそりと咲く。それらの小さな丸い鈴が並ぶ様子から、「聖母マリアの涙（Mary's Tears）」とも呼ばれる。それは、キリストが十字架にはりつけになった時に、聖母マリアが涙を流したところに咲いた花がスズランだったからだと言われている。

フランスでは、五月一日は、ミュゲ（muguet、フランス語で「スズラン」）の日と言われ、大切な人にスズランのブーケをプレゼントする風習が残っている。スズランのブーケをもらったシャルル王が喜んで、自分もスズランのブーケを宮廷の女性たちに贈った。一五六一年以来、スズランを贈る風習は現在に至るまで続いている。そして、五月一日がメーデーとなって以来、スズランは労働者に贈る花ともなる。

また、愛の花であるスズランは、結婚式のブーケでよく使われる。モナコ公国に嫁いだアメリカの女優だったグレース・ケリーや、イギリス王室に民間から嫁いだウィリアム皇太子のキャサリン妃がスズランのブーケを持ったことはよく知られている。愛と謙虚さを表す花である。

また、スズランの香料は、貴重なものとされ、金や銀の容器にしか入れられなかった。バラとジャスミンに並ぶ花香料の原料であるスズランは、清楚な香りで現在でも香水やオードトワレに使われる。

しかし、スズランには残酷な物語と殺傷能力がある有毒植物としての歴史がある。イングランドのサセックスでは、聖レオナール（St Léonard）の伝説が今でも語り伝えられている。聖レオナールは、六世紀のフランス人修道士で、この地のドラゴンと壮絶な戦いをした彼の血が流れ落ちたところにスズランが咲いたと言われている。

スズランは有毒で、摂取した者は中毒症状を起こして、死に至るほどの猛毒を持つ。花と根に強い毒性があるとされている。子供や小動物がその犠牲となる例が絶えなかった。切り花のスズランを入れた水さえも有毒となり、それを飲んだ子供が亡くなった事件はよく語られる。また、秋に成る赤い実にも強い毒性があり、誤って食べる子供が死亡した例もある。

清楚で幸福をもたらすスズランは、その小さくて華奢な体の中に猛毒を潜ませ、身を呈して自分を守っているのである。

学名——Convallaria majalis
開花時期——五月から六月

HONEYSUCKLE

甘い香りで誘ってくる

スイカズラ

春からツルを伸ばし、生垣で他の植物にからみつくと、初夏に花を咲かせてその存在感を全面的に出してくる。しかも、甘いかぐわしい香りで、誘ってくるようなのだ。夜になると香りが最も強くなり、甘い蜜を吸いに来る夜の蛾をひきつける。英語名のハニーサックルは、その名の通り、ミツバチがたくさん集まって蜜を吸うからである。

どこまでも高い崖を駆け上るシロイワヤギ（mountain goat）のように、スイカズラはツルを伸ばして、強い力で他の植物に巻きついて上に登って行くことから、「ヤギの葉っぱ（Goat's Leaf）」とも呼ばれている。また、誘因力の強さは、強く結びついている愛、きずな、またしがらみという意味も持つとされる。

スイカズラの花は、形も生育もユニークである。細長い蕾が同じ萼《がく》から出ると、それが口を立てたように開き、中から長いめしべとおしべが出てくる。蕾と咲き始めが白だった花が黄色になったり、蕾が濃いピンクだった花が薄いピンクと黄色のグラデーションになる。それらが咲きそろうと、下を向いて、まるでパラソルが反り返ったようになる。十七世紀の政治家で作家でもあったサミュエル・ピープス（Samuel Pepys）は、「トランペット・フラワー（Trumpet Flower）」と呼んだ。

スイカズラの花は、中世のチョーサーに好まれた。また、シェイクスピアの『真夏の夜の夢』には、妖精の女王が眠るベッドには、スイカズラの天蓋が付いている。

その香りからやアロマオイルとして用いられてきた。ホワイトラム、レモン、そして蜂蜜と一緒に作るハニーサックル・カクテルも知られている。中国では、忍冬の漢字があてはめられているように、スイカズラ茶（忍冬茶あるいは金銀花茶）が昔から健康のために飲まれた。

ヨーロッパ、北アフリカから西アジアに広く分布している。種類も多く、北半球で百八十種ほどが自生している。日本が原産のスイカズラは北米に渡り、繁殖した結果、外来種として生態系を脅かしている。

学名—— Lonicera periclymenum
開花時期—— 五月から七月

COLUMBINE

一緒に静かな時を過ごして

オダマキ

　ケンダル近くの石灰岩床をトレッキングしている時に、岩床の脇に列をなして咲いているオダマキの群生に遭遇した。紫や白、ラベンダー色のオダマキは、石灰質の固い岩床の脇で、細く長い茎に花びらを揺らしながら咲いていた。

　日本ではヤマオダマキやミヤマオダマキが高山に分布しており、茶花として重宝される。イギリスでは、コテージ・ガーデンに植えることが好まれる。別名「おばあちゃんのボンネット（Granny's Bonnet)」が示すように、身近に植わっている花である。これほど愛されているオダマキには、名誉なシンボルから不名誉なシンボルに代わっていった悲しい歴史がある。

　学名のAquilegiaのラテン語aquilaは鷲（eagle）のことで、それはオダマキの花が鷲の爪に似ているからである。ギリシャ神話では、愛と美の女神であるアフロディーテー（Aphrodite）の中で描かれている愛の花であった。また、Columbineは、花の形が、鳩が五羽集まっているようにみえることを表すラテン語から来ている。この鳩のシンボルは、キリスト教のシンボルとなり、オダマキは力、英知、また平和を表すようにもなる。

一方で、イングランドでは、十五世紀頃から、オダマキは浮気や失恋などのシンボルとなる。昔話では、赤いオダマキの距《きょ》（植物の花冠やがくの基部から、細長く袋状に突き出ている部分）が角《つの》に見えたことから、妻を寝取られた夫に角が生えたことに喩えた。シェイクスピアの作品『恋の骨折り損（*Love's Labour's Lost*）』と『ハムレット』では、オダマキは裏切と姦通のシンボルとして描かれている。その後、イングランドの詩人たちは、オダマキを顧みられない愛の象徴として描いていった。

オダマキは、北米、ヨーロッパ、アジアに広く分布している。園芸種として品種改良が進んでおり、日本では外来種のオダマキが改良されて園芸種として出回っている。根と種は有毒であり、薬草として使われたこともある。

学名―― Aquilegia vulgaris
開花時期―― 五月から七月

MARSH MARIGOLD

水辺で輝く光

リョウキンカ

ウルバーストンのスワースモアの森の中を抜けて小川に出ると、鮮やかな黄色の花が水辺に咲いていていた。それは、暗い木々の陰から明るい顔を出した水の精のように、光り輝いていた。リョウキンカは湖や川の岸の湿地帯に生息する。葉は、大きく丸く、葉肉が厚く、表面には光沢がある。

学名のCalthaは、ラテン語で強いにおいがある黄色い花のことを意味し、その鮮やかな黄色はしばしば卵の黄身のような色だと言われる。ギリシャ語では、金属の酒杯（goblet）を表すことから、「王のカップ（Kingcup）」という別名を持つ。イギリスでは、地域によって様々な呼び名を持つ。英名の代表である「沼地のマリーゴールド」のマリーゴールドは、聖母マリアに捧げられたMary's goldに由来する。

イギリスでは、葦原に葦の合間をぬって自生する繁殖力を持っている。リョウキンカは有毒であるが、早春の若葉は加熱して食用ともなった。

ヨーロッパ、アジア北部、アメリカに自生する。

学名――Caltha palustris

開花時期――三月から七月

WILD ROSE

生垣からあなたのことを見ています

ヨーロッパノイバラ

道に沿った生垣から顔をのぞかせる野バラは、バラとしては地味であるが、出会ったときにはほっとさせられる。細く弱々しく見える茎は、茎の鋭い棘を使って他の植物と絡み合い、上に向かって伸び、支え合って、たくましく花を支えている。薄いピンクか白の五枚の花弁は、五つのハートが開いたように見えて、愛らしい。秋になると、赤いローズヒップが実り、鳥たちがついばんで、種を運ぶ。また、香りが良いことでも知られている。

イギリスでは、野バラはイヌバラ（Dog Rose）とスイート・ブライアー（Sweet Briar）の二種類があるとされる。学名でも英語でもイヌバラと名付けられているのは、野原に自生する価値が低いバラであるからだと言われている。しかし、野バラは、バラの原種である。

バラの歴史は古い。三万五千年前のバラの化石が発見されており、四千年前にはクレタ島の宮殿で絵に残されている。ギリシャ神話では、バラは愛の花であり、曙の女神オーロラに捧げられた。ローマ帝国の時代には、クレオパトラがアントニーを迎えるにあたり、バラの花弁のカーペットを敷き詰めたと言われている。

バラは中世からイングランドを代表する花となる。中世では、特に紋章によく用いられていた。五枚の花弁のエンブレムが多く残っており、最も有名なものはバラ戦争で戦ったランカスターの赤バラとヨークの白バラである。また、チューダー朝のバラは、ランカスターの赤バラとヨークの白バラが合わさり、ピンクのぼかしか赤と白がともに入った紋章となっている。

「プロローグ」で挙げた『りすのナトキンのおはなし』で出てくる虫こぶ（Gall Wasp）は、秋になってローズヒップが実る頃に、野バラの茎に寄生するタマバチの一種であるディプロレピス・ロサエ（Diplopia rosae）がつくる害虫である。タマバチの多くは、植物の芽、葉、花、実、枝、根などに卵を産み付けて、その部位は植物により様々な虫こぶを形成して、幼虫はその中の栄養を食べて成虫へと成長する。野バラには、ピンクッションのようなオレンジ色から赤い色の大きな虫こぶができることから「ロビンのピンクッション（Robin's

Pincushion)」と呼ばれる。

また、ローズヒップはビタミンCを多く含み、ハーブティーとして人気があるために、今ではローズヒップ用にイヌバラが栽培されている。ローズヒップは、ジャムなどの保存食や食用油としても生産されている。また、ローズヒップ・オイルはスキンケアに効果があるとされている。

ヨーロッパ全域から、北アフリカ、西アジアに自生する。

学名―― Rosa canina(イヌバラ)、Rosa rubiginosa(スイート・ブライアー)

開花時期―― 五月から七月

シルヴァーデール、ゲイト・バローズ・ナショナル・ネイチャー・リザーヴ、
ヨーロッパノイバラ（白）

『りすのナトキンのおはなし』より、虫こぶ

PERIWINKLE

どこからか現れる貴人

ツルニチニチソウ

紫の貴婦人が凛として立っているように、ツルニチニチソウは地面からすっと立ち上がって花を咲かす。五枚の花弁は、まっすぐにこちらを見ているように開く。

茎は地面を這って成長して、濃い緑の葉を豊かにつける。学名のVincaには結びつけるという意味があるように、地面に根を下ろして地面に縛りつくように成長する。そのため、チョーサーも愛したツルニチニチソウは、中世には「地の喜び（Joy of the Ground）」と言われていた。

ツルニチニチソウには魔力があると信じられていた。フランスでは、魔法使いの花とみなされ、肌にあてると悪魔から身を守ることができると思われていた。また、玄関にツルニチニチソウをかけておくと、家を魔術から守るとされた。ツルニチニチソウの夢を見ると、妖精が守ってくれると信じられていた。

イタリアでは、ツルニチニチソウは死の花とされた。異端者たちが火あぶりの刑に処される時に、ツルニチニチソウの花輪をかぶった。また、子供が亡くなると、棺桶にツルニチニチソウの花輪をかける風習があった。ツルニチニチソウの葉が一年中青々としていることから不死のシンボルだったからである。子供の墓の周りにツルニチニチソウを植えることもあった。そのため、ツルニチニチソウを引き抜くことは不運を招くと思われていた。

ツルニチニチソウは昔から薬草として民間療法で使われてきた。医学用語のビンカアルカロイドは、ツルニチニチソウから抽出される四種類のアルカロイドの総称として使われている。

南ヨーロッパから北アフリカに自生しており、イングランドにはローマ人が伝えて、帰化した。石垣にも生息して、古森にも自生する。

学名—— Vinca minor, Vinca major

開花時期—— 三月から五月

WILD STRAWBERRY

小さな贈り物
野いちご

イギリスではごく普通に見られる野いちごであるが、アーツ・アンド・クラフツ運動を推進したウィリアム・モリス（William Morris）のデザイン「いちご泥棒（"Strawberry Thief"）」は有名である。モリスは、産業化と商業化が進んだ十九世紀に、生活の中で生きる美術や工芸を奨励した。モリスは、庭や自然の中で生きる植物や鳥を好んでタペストリーや壁紙のデザインに取り入れた。野いちごはその最も顕著な例である。

また、イギリスを代表する陶磁器会社のウェッジウッドには、ワイルドストロベリーのシリーズがある。小さなピンクの花と赤い実、そして蔓の茎につく三枚に分かれた小さな緑の葉は、愛らしい。

野いちごは、石器時代から食用とされてきた。現在まで、野いちごはビタミンCを含み栄養価が高く、フォレジングの代表選手である。ジャム、ジュース、ソース、リキュール類などに使われたり、焼き菓子に入れられたりした。

昔は、野いちごは化粧品や薬としても使われた。イギリスでは、若い女性たちが野いちごの葉をスキンケアに使った。特にローションやクリームにしたとされる。

広くヨーロッパからアジアに自生する。

学名——Fragaria vesca
開花時期——五月から六月

III

夏の光のもとで

夏の強い紫外線を浴びて、花たちは大地から伸びて、たくましく咲く。光のエネルギーを吸収して、花たちの共演は続く。

森の中のフットパスを歩いて道路に出てくると、その道の脇にオレンジのウェリッシュ・ポピーが咲いていた。それも、道路の脇のあちらこちらに、まるでそこを歩く人を誘導するように、静かに見守るように。舗装道路と石壁の間から細い枝を出している姿に、力付けられる。その姿を追いながら、歩き続ける。

湖水地方でも、夏の盛りに近付くと、気温が上がり、湖にはヨットが並ぶ。遊覧船は多くの観光客を乗せて大忙しとなり、湖水地方が最も輝く時期に入る。その夏の光のもとで、湖畔、森の陰りの中、そして乾燥した野原にも夏の花たちが姿を現すのである。

レイ城からウィンダミア湖に沿って歩く。ジギタリスが群生する野原を見ながらフットパスをひたすら歩く。歩き疲れると湖畔に座ってひと休みする。そして、湖水に映る鮮やかな山々を眺める。木陰でのひと時は、翌日のエネルギーになる。

COMMON SOLOMON'S SEAL

ハンドベルから飛び出した調べ
ソロモン王の印章

森の日陰に、小さなハンドベル奏者が集まって。やさしい調べが飛び出してきそう。森の中で、小さなコンサートの始まりだ。透き通るような白い花びらは緑の縁どりがされて、皆並んで茎の下にうなだれる。それらを守るように、茎の上には、明るい緑の葉が二枚ペアで茎にそって立ち並ぶ。

学名のPolygonarumは、ギリシャ語で「たくさんの節」という意味がある。成長するたびに地下茎に節ができるからである。英名の「ソロモン王の紋章」は、膨らんだ根茎の断面が古代のソロモン王の印章に似ているところから付けられた。

『旧約聖書』の「列王記」に出てくる古代イスラエルのソロモン王は、神から魔力を持つ真鍮と鉄でできた指輪を授けられており、その指輪に印章が刻まれていた。そのソロモン王の印章とは、三角形の辺と互いに組み込んだ六角の星の形をしている六芒星を円で囲ったものである。ソロモン王は、この魔力で悪魔を封印したと言われている。

そのため、植物のソロモン王の紋章の根は魔力から家を守ると考えられていた。家を守るために、ソロモン王の紋章の根のかけらを家の窓の下枠に置いたという。また、ミントなどと混ぜて風呂を洗うと、悪魔から身を守ることができたとされる。

ソロモン王の紋章は、昔から薬草および食用として使われてきた。

ヨーロッパ全域、北アメリカ、アジアに自生する。葉がナルコユリによく似ているために、よく間違われる。

学名—— Polygonatum multiflorum

開花時期—— 五月から六月

LADY'S SLIPPER ORCHID

あなたの足を包んであげます　レイディース・スリッパー・オーキッド

＊

レイディース・スリッパー・オーキッドは、ラン愛好家たちだけでなく、自然愛好家や園芸愛好家たちから最も注目を集めてきたランである。その形は、袋状の唇弁を持ち、開花とともにふっくらと膨らむ。その膨らみの中に足がすっぽりと入りそうなので、「淑女のスリッパ（Lady's Slipper）」と親しみを持って呼ばれてきた。また、そのこんもりとした形から、「ラクダの足（Camel's Foot）」とか「リスの足（Squirrel Foot）」などとも呼ばれている。北米では、先住民族が鹿の柔らかい皮で作ったモカシンと呼ばれた靴に似ていることから、「モカシンの花(Mocassin Flower)」と呼ばれていた。学名に付いているpedilonは、サンダルという意味であり、レイディース・スリッパー・オーキッドは、どこまでも足とは切り離されないようである。

また、ギリシャでは、Kupris Pedion、すなわち、「ヴィーナスの靴（Shoes of Venus）」と呼ばれており、ここから愛の花というレイディース・スリッパー・オーキッドのシンボルが誕生する。そして、「移り気な美（capricious beauty）」という愛や優美を表す。また、医学効果があるとされ、特にヒステリア、不眠症、鬱や頭痛に効くとされた。

レイディース・スリッパー・オーキッドは、そのユニークな形のためだけでなく、他のランと分布の上で大きく異なる。それは隔離分布的であり、熱帯地域から冬厳しい地域に至るまで分布していることが特徴である。アジア、北アメリカ、ヨーロッパ、アフリカにまで自生しており、イギリスではスコットランドやヨークシャー、カンブリア州、ランカシャーなどの北イングランドに分布していた。特に、それらの地域の石灰岩床に自生していた。

昔、北イングランドに群生していたレイディース・スリッパー・オーキッドは、摘み取られてマーケットで売られていた。十九世紀には、プラントハンターがアジアなどから珍しいランを採ってきては、イギリスの園芸愛好家たちに紹介するようになる。その結果、空前のラン・ブームが起こる。このラン・ブームの中で、イギリスに自生してきたレイディース・スリッパー・オーキッドは乱獲され、その結果、一九一七年には絶滅してしまった。

しかし、奇跡的に、一九三〇年にヨークシャーでレイディース・スリッパー・オーキッドが発見された。その地、ノース・ヨークシャーの個人の私有地であるクレイベン石灰コンプレックス（Craven Limestone Complex）は、レイディース・スリッパー・オーキッドが唯一自生する場所となる。そして絶滅危惧種として保護されるようになった。ラン愛好家に捕獲されたり、トレッカーたちに踏みつぶされないように、厳重に保護されてきた。

その後、北ランカシャーにおいても移植されたが、自生されていることが観察されるのは、現在ではシルヴァーデールのゲイト・バローズ・ナショナル・ネイチャー・リザーヴにおいてくらいである。また、二十一世紀に入ると、この保護地区以外での自生が確認され、記事として取り上げられた。二〇一〇年にカーンフォースで発見された時には、地元の警察官もガードに当たるほどだった。

レイディース・スリッパー・オーキッドは、幻の花なのである。和名はアツモリソウである。

学名――Cypripedium calceolus

開花時期――五月から七月

保護地区のつぼみ

* Lippert and Podlech, *Wild Flowers of Britain & Europe*

MARTAGON LILY

たくさんのお花で守ってあげるね
マルタゴンリリー

＊＊

ポターの『パイがふたつあったおはなし（*The Tale of the Pie and The Patty-Pan*）』の中で、犬のダッチェスの家の庭に咲いているユリは、マルタゴンリリーと思われる。ポターの研究者の中には、タイガーリリーと主張する者もいる。

Martagonはトルコ語でターバンや帽子という意味である。そのため、英語では、「トルコの帽子のリリー（Turk's Cape Lily）」とも呼ばれる。

ポターの挿絵で描かれているように、高く伸びた茎の茎頂には、多くの花がつき、ピンクの花弁が反り返って下向きに咲く。また、一メートルほどにまで生長する一本の茎に、たくさんの蕾を付け、それらが開くと圧倒的な存在感を醸し出す。また、茎の下の方に、同じところから出た六枚から九枚の葉が広がり、それが大きく開き反り返る。

この魅力的な姿のため、マルタゴンリリーは、園芸種として人気がある。湖水地方でも自生しているとされるが、現在では園芸種として庭に植えられている姿を愛でるしかなくなってきている。

イベリア半島からヨーロッパとアジア、シベリアまで広く分布している。ユリ科の仲間では珍しく分布地域が広いだけでなく、アルプス山脈などの寒冷な高地や森にも自生する。

学名――Lilium martagon

開花時期――六月から七月

＊＊『A－Z園芸植物百科事典』

『パイがふたつあったおはなし』より、マルタゴンリリー

WELSH POPPY

揺れる思いが開きました
ウェリッシュ・ポピー

夏が訪れると、鮮やかな黄色やオレンジのウェリッシュ・ポピーの花が太陽からのエネルギーを伝えてくれるように感じられる。四枚の花弁が細い茎に支えられて、たくましく咲く。英名は、この花がウェールズで多く自生していることから付けられた。学名のCambriaはラテン語でウェールズを表す。

ウェリッシュ・ポピーは、ポピーの中で最もシンプルなポピーである。他に古代からヨーロッパから北アフリカ、そして西アジアにわたって自生する赤いヒナゲシ（Shirly Poppy）は、イギリス本国とイギリス連邦では、第一次世界大戦の犠牲者を弔うシンボルとして十一月十一日の終戦記念日に胸に付ける。また、ヒナゲシは、種がポピーシードとして食用となり、シードケーキなどに入れられる。それらのヨーロッパに自生するポピーに対して、ヒマラヤで青いケシ（Blue Poppy）が発見され、イギリス人プラントハンターがイギリスに紹介して以来、珍しい園芸種として人気が出た。このアジア系のポピーの発見により、ウェリッシュ・ポピーは学名がヨーロッパ系ポピーPapaverからMeconopsisに変更された。しかし、二十一世紀に入ると、もとのヨーロッパ系のポピーの系統に入ることが証明された。

ウェリッシュ・ポピーはウェールズの政党であるプライド・カムリ（Plaid Cymru）のロゴに使われている。プライド・カムリは、ウェールズを独立した国として建国することを目的に一九二五年に設立された。

西ヨーロッパからイベリア半島、そしてイギリス諸島に分布する。イギリスでは、イングランド南西部とウェールズに多く自生する。湿気がある日陰を好み、丘や道路わき、岩場、石でできた家の壁際にも咲く。

学名——Papaver cambricum
開花時期——六月から八月

YELLOW IRIS

水鳥たちの友達が来たよ
キショウブ

シルヴァーデールのレイトンモス（Leighton Moss）に野鳥観測に通っていると、その保護区では多くの植物も観察できることに気付いた。四月には、枯れた葦の中に、キショウブの若葉が次々と現れ、五月に末から黄色い花を咲かす。その姿から、「イエロー・フラッグ（Yellow Flag）」という別名を持つ。

キショウブは、フランスのアイリスの花を模様とした意匠や紋章であるフルール・ド・リス（fleur-de-lis）の元になったとも言われている。この紋章はフランス王家の紋章でもあり、広くフランスを象徴するようになる。また、魔除けとして、アイルランドでは聖体祝日（Corpus Christi）に玄関の外にキショウブの束をかけたとされる。

アガサ・クリスティ（Agatha Christie）の短編「黄色いアイリス（“Yellow Iris”）」では、

レストランのテーブルに飾られた黄色いアイリスが象徴的に出てくる。妻を毒殺された夫が、妻を追悼するためにパーティを開き、二年前の死の真相が明らかにされていく。

イエロー・アイリスは葉も花も有毒である。しかし、薬草としては、出血を止める効果があるとされた。また、種をあぶって飲み物を作ったりもした。

ヨーロッパからアジアおよび北西アフリカに自生する。川岸、溝、葦原など肥沃な湿地帯に生える。

学名——Iris pseudacorus

開花時期——六月から九月

THRIFT

海がつくった波の花

アルメリア

モアカム湾の夏のイヴェント、クロス・ベイ・ウオーク（Cross Bay Walk）の時にアーンサイドの海岸で出会ったピンクの花は、まるで海から誕生した波の花のように見えた。五月になると、海辺の崖や磯に薄ピンクの小さな花がかたまりになって咲く。濃い緑色の細い葉は水の中でもたくましく、その揺れる葉から長い茎が出て、手毬のような花を支えている。

英語ではスリフト（Thrift）だが、「海のピンク（Sea Pink）」、「海岸の波（Beach Wave）」、「崖のクローバー（Cliff Clover）」という別名を持つ。

アルメリアは、一九三七年から一九五三年の間、イギリスの三ペンスコインのエドワード三世の像の裏のデザインに使われた。それは、英語のスリフトが「倹約」という意味だからだと言われている。

ヨーロッパ全域でみられるが、特にスカンジナビアとイギリスの海岸では広く群生する。海岸沿いの塩分を含んだ湿地帯や砂浜、あるいは崖や鉄分を多く含む土壌でも育つ。

学名—— Armeria maritima
開花時期—— 五月から八月

アーンサイドの海岸に群生するアルメリア

FIELD BINDWEED

藪からのぞいたお顔
セイヨウヒルガオ

森林や生垣などどこにでもたくましく成長するセイヨウヒルガオは、かわいい白い花を咲かせる。暑い夏の日には、涼やかさをもたらしてくれる花である。しかし、どんな植物にも絡まって旺盛に繁殖するため、駆除の対象ともなっている。

以前は、朝顔やヒルガオは総称してConvolvulusという属名をもっていた。このConvolvoは、「私はからみあう」という意味で、恋人同士の抱擁を示唆した。古代ギリシャやローマでは、ヒルガオは花冠に使われた。十七世紀のイングランドでは、ヒルガオを庭に支柱やバルコニーに絡ませて楽しんだ。

しかし、同時に俗名のBindweedが表すように、巻きつく雑草という悪い意味にもとられた。そこで、ピンクのヒルガオの花は、支え合う愛という意味と強情という、相反する意味を持つことになる。別名「悪魔の根性（Devil's Guts）」もまた、根こそぎ駆除しようとしても頑固でできないことから付けられた。実際、強力な除草剤が使われる前は、どんな方法でも駆除できなかったのである。

世界中で分布しているヒルガオで、イギリスでも自生している。

学名——Convolvulus arvensis

開花時期——六月から九月

FOXGLOVE

背高のっぽのダンサーたち

ジギタリス

ポターが若い頃に家族と滞在したレイ城からニアソーリ村に行くために、湖畔に沿ってフットパスを歩いていると、背高のっぽで鮮やかな赤紫色の花々の群生に出会う。人間の身長ほどの高さにもなる一本の茎に、下から順に、溢れんばかりの花々をつける。花は、大きなベルの形をしており、その内側には毒々しい斑点模様がある。その袋を下に向けて咲く。その様子を、十九世紀の桂冠詩人アルフレッド・テニソン（Alfred Tennyson）は、「二つの声（"The Two Voices"）」で描いている。そしてジギタリスの群生は、小動物たちにとっては、小さな森なのである。

このジギタリスは、『あひるのジマイマのおはなし（*The Tale of Jemima Puddle-Duck*）』の中では、農家を飛び出したあひるのお母さんジマイマが辿りついたところに咲いている。ジマイマは、自分で卵を温めたいために、農家を脱走して、卵を産む場を探していたのだ。しかし、ジギタリスに囲まれて、その奥にある家は、ジマイマをだまそうとする狡猾なきつねの家だったのだ。原文でポターは、ジギタリスのイギリスでの通名Foxes-Gloveを使っている。そして、『妖精のキャラバン』では、きつねの手袋は妖精が使うきれいな手袋だと解釈を加えている。

ジギタリスは、ラテン語の「指（digitus）」が語源である。花の形が、指サックに似ていることから名付けられた。ポターが使っているように、イギリスでは、別名「きつねの手袋（Foxglove）」である。古英語で「きつねの手袋（Foxes Glofa）」と言われおり、エドワード三世の時代から存在した。北方の伝説によると、獲物を狙って近付くきつねが、足音を聞かれないように足に妖精にもらったジギタリスの花を履いた。きつねが巣をつくる森の丘の斜面には、有毒な植物が自生すると言われている。ジギタリスの花言葉が、不誠実や不真面目という点から考えても、ジギタリスは妖精の隠れ家だという説があることがわかる。ジギタリスの花の内側の斑点は、妖精が指で触れたからだと言われている。そのため、ウェールズでは、「妖精のベル（Folk's Glove）」という別名を持つ。これは、fox'sが、folks（民衆の）へと変わっていったからである。そして、folksはfairies（妖精）を示した。一方で、glovesは、アングロサクソン語のgliewというたくさんの小さなベルからなる楽器のことだと言われている。ジギタリスの妖精の伝説は、ウェールズで語り継がれてきた。他に、「妖精の指ぬき」、「妖精の帽子」、「ゴブリンの手袋」、「魔女の手」などの別名があり、アイルランドでは「死人の指ぬき」、フランスでは「聖母マリアの手袋」と呼ばれている。

有毒で、口に入れると下痢などの中毒を引き起こし、死に至る場合もある。民間療法で、葉や根のエキスが強心剤として使われていた。十八世紀には、ジギタリスの毒性は化学的に研究され、強心利尿薬として応用された。現在では、製薬されて使われている。

ジギタリスは、地中海沿岸の西ヨーロッパから南ヨーロッパ、さらにアフリカにかけて広く分布する二年草である。多年化して、園芸用や薬用として栽培もされている。イギリスでは、ウェールズからイングランド北部にかけて広く自生している。酸性の土壌を好み、森の周辺、道路わき、ヘザーの荒野から海岸線に至るまで、広く分布する。長い花の蜜を吸いに、舌の長い蜂がやってくる。

日本には明治時代に渡来し、英名がそのまま和名「狐の手袋」となった。

学名—— Digitalis purpurea

開花時期——六月から九月

『あひるのジマイマのおはなし』より、ジギタリス

Ⅳ
秋の憂いの囁き

湖水地方の九月は、まだ夏の余韻が残っている。しかし、あっという間に冷たい風と雨の季節となり、森の中では気温が一気に下がる。

十月にもなると、湖水地方は忙しかった夏の日々を懐かしむことからも解放され、木々が緑から黄色、オレンジ、赤、そして茶色のグラデーションを作るようになる。

ポターの『りすのナトキンのおはなし』は、秋のデューエント湖が舞台である。りすの兄弟、ナトキン（Nutkin）とトインクルベリ（Twinkleberry）は、ナッツやベリーという秋の実りを表す。ナトキンたちは、木の実やセイヨウイラクサを摘む。そして、ロビンのピンクッションと呼ばれる野バラに胆汁でつくススメバチの赤い菌の虫こぶを集め、野生のリンゴともみの実でボウリングをして遊ぶ。

ナトキンたちが暮らす森は、ナナカマドの赤い葉と実が、あちらこちらに見られるようになり、湖水地方も訪れる人が少なくなる。地元の人たちの日常生活だけが静かに営まれている。朝晩の気温がぐっと低くなり冷たい雨が降る中で、フェルウォーキングを楽しむ地元の人たちの楽園となる。

十一月の雨の中、濡れた落ち葉で滑らないように気を付けながらフットパスを歩く。

NETTLE

秋風を呼んでいます
セイヨウイラクサ

『りすのナトキンのおはなし』の中で、ナトキンがフクロウ島に住むフクロウの長老ブラウンにイラクサを持っていくシーンがある。そのイラクサは、普通のイラクサではなく、ピンクの花がついて葉が細いイラクサなのである。

このイラクサは、赤い麻イラクサ（Red Hemp-nettle）であると思われる。イギリスでは、イングランド南部とウェールズに多く自生したが、秋の収穫時に雑草として除草剤で駆除されるようになり、一九三〇年代以降に激減して、現在は絶滅危惧種に指定されている。

一般のイラクサは、ギザギザがふちにある丸みを帯びたハート形の葉に、小さなクリームやピンクの花が咲く。古くから世界的に分布する、スティンギングネトル（Stinging Nettle）がよく知られている。名の通り、茎に棘があり、細かな花をつける。

イラクサは、古来から人間の生活に必要な植物であった。青銅器時代の遺跡から埋葬した骨を包んでいたイラクサの布が発見された。繊維から布やロープが作られ、また食用や薬用として重宝された。イラクサの茎の繊維は強く、剥がして乾燥させた後、船舶用のロープ作りに使われた。また、スコットランドやイングランドでは、イラクサでリネンが織られ、シーツやテーブクロスが作られる。アンデルセンの『白鳥の王子』では、王女が白鳥にされた十一人の兄たちを助けるために、イラクサで上着を作る。

また、イラクサは鉄分やマグネシウム、ビタミンCなどの栄養が豊富で、食用と薬用に使われた。そのため、イラクサは、十七世紀、ピルグリム・ファーザーズによってアメリカ大陸に伝えられ、そこで帰化した。

十七世紀には、イラクサの若葉でつくったスープ、ピューレやポリッジは春の味だったと記されている。特に農作物が不作の年には、ネトルスープが主要食となった。また、イラクサでつくったビールは、田舎の素朴な味が魅力と重宝された。

さらに、民間療法でイラクサのお茶やうがい薬は、効果があるとされた。イラクサの棘は、リューマチ療法に使われた。子供の時に足中にイラクサの棘が刺さると、生涯健康でありつけて、リューマチに苦しむことはないと信じられていた。古代ローマ人は、イラクサ療法のためにイラクサを栽培していたとされている。

イラクサ草原は小妖精エルフが住むところと思われていた。イラクサの棘が、魔術から人間を守ってくれると信じられており、イラクサの束を農場にかけて、魔女の魔法から家畜のミルクを守った。また、イラクサの棘は、嵐の時に火にくべると、家を雷から守ったとされる。

広くヨーロッパ、アフリカ、アジア、北アメリカなどに自生する。

学名——Urtica dioica
開花時期——六月から十月

SKULLCAP

秋風に揺れて優しく咲く スカルキャップ

湖水地方のアンブルサイドとライダルの間を、ロザイ川に沿ってフットパスが通っている。十九世紀を代表する教育者であるトマス・アーノルド（Thomas Arnold）の屋敷フォックス・ハウ（Fox How）とワーズワースが住むライダル・マウントの間には、多くの文人たちが歩いて通った。そのロザイ川の土手に、夏の終わりになると、背が伸びて紫がかったピンクの花が風になびく姿が見られる。花の萼《がく》がヘルメット状になっており、頭蓋のみを覆う小さな帽子を意味するスカルキャップである。和名はタツナミソウであるが、日本に自生するタツナミソウとは少し異なる。

スカルキャップは昔、花、葉、茎、根もハーブとして民間療法で使われてきた。特に、神経疾患には効果があるとされている。北アメリカ原産のスカルキャップは、先住民族に傷を治す薬草として、また、精神的に不安定な状態を緩和させるために使われた。その後、ヨーロッパでもその効果が広まり、狂犬病の治療薬ともなった。花や葉を乾燥させて、スカルキャップのハーブティーを作ることもできる。また、アジア原産のスカルキャップは、中国では根が漢方の薬草として使われていた。

スカルキャップが精神的安定をもたらしてくれる効果から、夫を誘惑から守ってくれるとして妻が身に着けた。安心や安定、愛情や忠誠心の象徴だった。

広くヨーロッパ、アジア、北アメリカに分布する。葦やイグサの生息地、湿地帯、川岸、湿気が多い森林に自生する。

学名――Scutellaria
開花時期――六月から九月

HEATHER, LING

荒れ地に揺れる風の子たち

ヘザー

アンブルサイドからリリー・ターン（Lily Tarn）へ登って行く途中に、視界が開けて、ウィンダミア湖が一望できる斜面に出る。その斜面には、低木のヘザー（正しくはHeather, Ling）の花が咲いていた。夏の乾いた地面にたくましく這うように生息する。荒地に咲く花として、エミリー・ブロンテ（Emily Brontë）の『嵐が丘（*Wuthering Heights*）』にも描かれている。日本では園芸種でエリカと呼ばれているヒース（Heath）はヘザーと近縁の植物であるが、ヘザーもヒースも多くの種類がある。イギリスでは、ヘザーの群生やその地をヒースと呼ぶ場合もある。

ヘザーにはブリテン島のキリスト教化、スコットランド創設と、スコットランドの醸造にかかわる伝説がある。現在のスコットランドにはケルト系の先住民族ピクト人が住んで

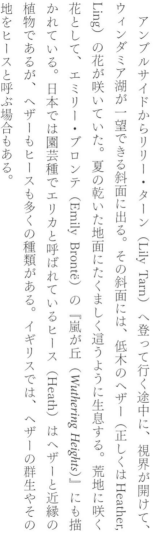

いた。ピクト人をキリスト教に改宗させるために、古代スカンジナビアのノース人(Norsemen)が武装集団を送り込んだ。その結果、ピクト人(Picts)との戦闘が始まり、多くの血が流れた。彼ら異教徒(ヒーザン)の血を浴びた植物がヘザーと呼ばれるようになったと言う。そしてスコットランドを征服したケネス王、最後に生き延びたピクト人の親子(一説にはピクト人の王と王子親子)を命と引き換えに、ピクト人秘伝のヘザー酒(Heather ale)の作り方を教えるように迫った。しかし、息子をケネス王に殺されても、父親は教えなかった。自分が犯した残虐な罪を悔いたケネス王は父親を解き放ち、ヘザー酒の秘伝は守られたという。このケネス王が、スコットランド第一代目の王となり、スコットランドが創設される。

このヘザー酒の伝説は、スコットランドにおいて醸造が重要な文化であったことを示唆している。スコットランドでは、ヘザーの花とそこにヤチヤナギ(bog myrtle)の葉を加えて、甘味があるドライでアルコール濃度が高い醸造酒が造られていた。その酒をたくさん飲むと、顔に斑点ができたと言われている。実際、ラム島(Isle of Rùm)の新石器時代の遺跡で、そのヘザー酒の痕跡が発見された。

スコットランド出身のロバート・ルイス・スティーヴンソン(Robert Louis Stevenson)

も詩の中で、スコットランドでは、ヘザーの花から「蜂蜜より甘く、ワインより強い」酒が造られると述べている。また、スコットランドに伝わる話では、冬の寒い日にヘザー酒を温めていた時に、その蒸気が石の屋根にあたって冷やされ、水滴が落ちてきた。それが、「命の水（Water of Life）」、すなわちちウイスキーになったと言われている。

ヘザーは、ヨーロッパに広く自生する。

学名――Calluna vulgaris

開花時期――八月から十月

BLACKBERRY

君のほっぺをいっぱいにするよ
ブラックベリー

夏の終わりから秋にかけて、森の入り口や生垣のそば、道路の脇に、ブラックベリーの実が赤から黒になり、そのグラデーションを披露してくれる。『ピーターラビットのおはなし』で、マグレガーさんの庭に忍び込むピーターに対して、兄弟のプロキシー、モプシー、そしてカトンテールたちは、母親の言いつけを守り、森に行ってブラックベリーを摘んで食べる。森には子うさぎたちの小腹を満たすに十分なブラックベリーがあるのだ。もちろん、それは、イギリスの子供たちのお楽しみである。

特にコーンウォール地方にはブラックベリーが多く自生してきた。英国国教会の牧師だったジョン・ウェスレー（John Wesley）は、イギリス中を回り、メソジスト派の教えを野外説教で説いて回った。彼は、コーンウオールの貧しい地で、ブラックベリーの実を摘んで飢えをしのいだと言われている。

このようにブラックベリーが豊富なコーンウォールには、ブラックベリーに変えられてしまったオルウェン（Olwen）王女の物語が伝えられている。美しく賢いオルウェン王女は、王子との間を父親と姉とに引き裂かれ、魔女によってブラックベリーに変えられる。王子はその秘密を知り、魔術師の力を借りてオルウェン王女を救済するのである。王子がブラックベリーの花に口づけをして、その実が熟れた時に摘んで魔術師のところに持っていくと、魔術師が魔女の呪文を解いたと言われている。

初夏の市場やスーパーマーケットにふんだんに並ぶブルーベリーに対して、ブラックベリーは八月の中旬から自然の中で熟していく。白っぽいピンクのバラの小花が終わると、それが実となり、赤く染まり、そしてやがて熟して黒に近い濃い紫色なる。その熟したブラックベリーを、人々は摘むことを楽しむ。野生の食物の中で最も人気があるブラックベリーは、ジャムなどの保存食にしたり、ゼリー、パイ、マフィンなどの菓子作りに重宝する。

イングランドでは、ブラックベリーは、十月十日のオールド・ミクルマスの日（Old Michaelmas Day、現在は九月二十九日の聖ミカエルの日）以降には、摘んで食べてはいけないと言われている。それは、悪魔が天から追放された時に、ブラックベリーの茂みの上に落ちて、そのブラックベリーに放尿したからだと語り伝えられている。また、その濃い紫色は、キリストの血であるとも信じられてきた。実際、秋になり、寒い雨の日が多くなると、ブラックベリーの実にはカビが発生しやすくなり、有毒になってしまう。この時期までが、ブラックベリーの食べ頃なのである。

ブラックベリーは栄養価が高く、昔から食用とされてきた。デンマークの沼地で発掘された二千五百年前の女性の泥炭ミイラ、ハーラルスケーアの女性（Haraldskær Woman）の胃の中から、ブラックベリーの実が発見された。十七世紀のイングランドでは、ブラックベリーのワインやリキュールが醸造されたことが記録されている。

アメリカやヨーロッパに広く分布している。

学名――Rubus fruticosus
時期――八月から十月中旬

『ピーターラビットのおはなし』より、ブラックベリー

WILD CARROT

揺れるレースの帽子たち
ノラニンジン

夏から秋にかけて、道端や広い空き地、森の中の開けた草原に、白いレースのような花が咲き乱れる。長い茎は子供の背の高さくらいにまで成長して、大きな花の傘をふわふわと揺らす。ノラニンジンは群生するため、開花時期になると丸い白いレースが何重にも重なって、優美な空間を作り出す。

アメリカに紹介されたノラニンジンは、「アン王女のレース（Queen Anne's Lace）」と呼ばれるようにもなる。白い繊細な花は上品なレースのようであるためにつけられた名前である。女王の冠であるとか、白い花の真中に小さな赤い花が咲くのは、アン王女がレースを編んでいる時に針が刺さって血が白いレースに滴ったという説がある。

昔、イギリスではノラニンジンは若葉、花および種も食用とされた。特にニンジンは子

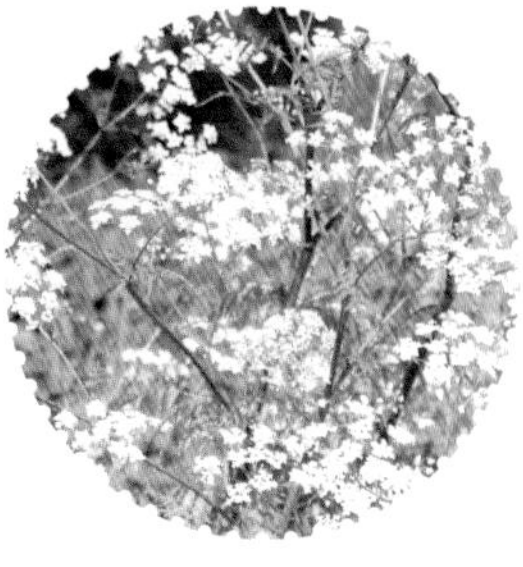

供にとって栄養があるとされた。白い花も、エディブルフラワーとして食用とされる。

ノラニンジンの種から作られた精油は、むくみやシミに効くとされ、その精油をアロマとして使うとストレスを緩和したとされる。

ヨーロッパが原産であるが、世界中に分布する。イギリスでは牧草地、野原、道端や空き地にも自生する。特に、石灰石の土壌を好む。

学名—— Daucus carota
開花時期—— 六月から十月

HAREBELL

ひっそりと咲く姿への賛歌
イトシャジン

イギリスでは、イトシャジンは夏から秋にかけてひっそりと咲く。か細い茎に可憐な薄紫の花がうなだれて立っている姿を見つけると、ささやかな喜びを感じる。この透き通るような薄い花びらの中で蜜を吸うことを好むHarebell Carpenter Beeという蜂もいる。スコットランドでは、イトシャジンは、「ブルーベル」と呼ばれているため、五月頃から咲くブルーベルと間違われることがよく語られる。

イトシャジンは、イングランドでは「ウサギのベル（Harebell）」という別名がある。それは、野ウサギは魔女が姿を変えた動物という言い伝えもあるからだ。ウサギが巣をつくる生息地に、イトシャジンが育つと言われている。シェイクスピアのロマンス劇『シンベリン』では、イトシャジンは「淡青紫色のうさぎのベル（"the azured hare-bell"）」と表現

されている。

イトシャジンは、その可憐な姿とは裏腹に、悪運をもたらすと考えられており、「悪魔のベル（Devil's Bell）」とか「長老のベル（Old Man's Bell）」という別名もある。イトシャジンの花は悪魔が姿を変えているため、花を摘むと災難が降りかかると信じられていた。また、魔女は、妖精やゴブリンを見えるようにするための薬を作る時にイトシャジンを指ぬきとして使うことから、魔女の花とも言われている。

イギリスには広く分布しているが、石灰石舗床や荒れ地、崖肌や砂丘などの乾燥地に自生している。

学名——Campanula rotundifolia
開花時期——七月から九月

WELTED THISTLE

たくましさの勲章

アザミ

乾燥した野原にアザミの花を見つけた時には、「よく頑張っているね」と声をかけたくなる。

どこにでも自生するアザミは、厳しい夏を乗り越えて、秋へのバトンタッチをするたくましい花である。イギリスには十四種類のアザミが生息している。花の大きさもいろいろだが、共通の特徴は葉や茎に棘があることである。

アザミは古くから広範囲にわたって自生するため、多くの物語が語られてきた。

ギリシャ神話では、大地の女神が詩人で羊飼いのダプニス（Daphnis）への思いを告げるために、アザミの花をつくったとされている。

キリスト教では、神がエデンの園で地面を呪ったところにアザミが生えてきたと言われ

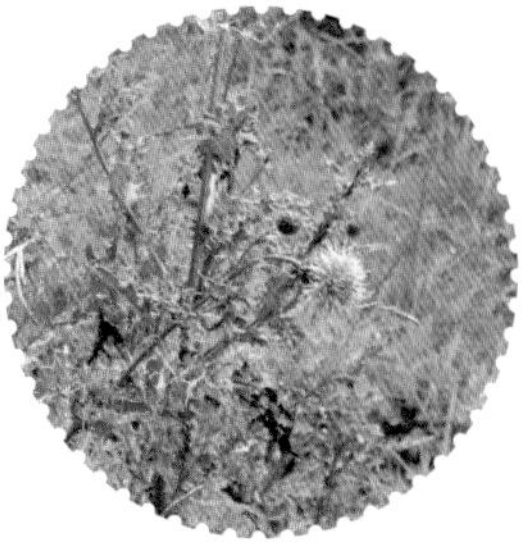

ているため、アザミは罪や不名誉を象徴する。
ヨーロッパから北アフリカ、アジアにまで広く分布する。

学名―― Carduus acanthoides
開花時期―― 六月から十月

COMMON GORSE

嵐の中でもめげません
ハリエニシダ

湖水地方のコニストン・ヒルズを望みながら、モアカム湾岸のヒーシャムの海岸線を歩いていると、ハリエニシダの黄色い色がその道筋を導いてくれるように思えた。ケンダルの石灰岩床をトレッキングしている時には、強風に晒される中では曲がりくねって歪《いびつ》な枝ぶりになりながらも、花を咲かせるハリエニシダがたくましく群生している姿に驚いた。ハリエニシダは、英語ではゴース（Gorse）あるいはファーズ（Furze）とも呼ばれている。

厳しい環境の中でも生育するため、低木であるが海岸線や牧草地の暴風林として用いられる。耐寒性もあり、また常緑であるため、園芸品種としても改良され、美しいフォルムを作り、生垣としても重宝されている。

その上、黄色い花が咲くと、そこに明るさが加わり、遠くからでもその位置が確認できる。マメ科の小さな花がぎっしりと並んで、長い枝いっぱいに花をつかせる。まるで、光を放っているかのようなのだ。

しかし、ハリエニシダの枝や葉は毒性があるために、中毒を起こす原因となる。また、長く鋭い棘があるため、妖精から土地を守るために生垣として植えられた。しかし、牧草地で繁殖した結果、逆に家畜を傷つけることにもなる。ヘザーと同様に、荒地にも根付き、駆除が困難な植物でもある。

その強固な枝は、魔女のほうきにも使われていると言われている。また、民間伝承の昔話『三匹の子豚』の中で二番目の子豚が建てる木の家はハリエニシダで造ったという説がある。結局、木の家は燃やされて、子豚はオオカミに食べられてしまったのであるが。

地中海沿岸原産で、ヨーロッパに広く広がり、アメリカ大陸、オーストラリアやニュージーランドに帰化している。

学名—— Ulex europaeus
開花時期—— 春から冬

モアカム湾を望むヒーシャムの海岸に咲くハリエニシダ

ROWAN

恥ずかしくて真っ赤になってしまったの
セイヨウナナカマド

イギリスの秋を赤く染めるセイヨウナナカマドは、マウンテン・アッシュ（Mountain Ash）と呼ばれて親しまれている。成長は速く、幹は太くならないが、枝をたくさんつけて高くなる。茎には周囲にぎざぎざがついた長細い葉がきれいに並んでおり、それが枝に交互についている。その葉の緑のてっぺんに、五月から六月になると白いマッスの花が咲く。そして秋になると、そこに実がつき黄色、橙色、そして赤い色になっていく。それと同時に、葉も紅葉する。

セイヨウナナカマドは、昔、魔女や魔力から身を守るために、家や教会の庭に植えられた。セイヨウナナカマドの森には、守る力があったとされる。このため、マン島（Isle of Man）では、五月祭前夜に、プリムローズとともにセイヨウナナカマドを飾りとする風習

がある

また、湖水地方では、戒めの話が残されている。湖水地方にはケルピーズ（Kelpies）と呼ばれた変身術を持つ水の精がいた。彼らは馬に姿を変えて、人間を獲物とした。その時には、決して妖精の名を呼んではならないし、感謝も伝えてはならないという言い伝えがある。

昔、湖水地方の荒地に住む農夫の夫が、秋の日、天気が悪くなる前に無事に羊を囲いに戻すために出かけた。その夫の無事を祈って、妻は夫の帽子にセイヨウナナカマドの実がついた小枝を入れ、セイヨウナナカマドの木で作った杖を持たせた。そして馬の耳の間にセイヨウナナカマドの実が成る枝をかけた。さらに、シープドッグにも首輪にセイヨウナナカマドの小枝を巻き付けた。寒く暗い中歩き続けて、湖を渡ろうとした時に、ケルピーズが犬の首輪の実に気付かずに、襲いかかった。彼らは無事にケルピーズから逃れ、セイヨウナナカマドの木が生えている丘に登り、そこで一晩を過ごす。しかし、夜が明けると、全てが消え去っており、無事に家に帰ることができた。

スコットランド民謡に「ナナカマドの木（"The Rowan Tree"）」という歌がある。故郷や家族への思いがこめられた歌として愛されている。

また、セイヨウナナカマドの実は食用とされた。鳥が好んでついばむため、野鳥を捕獲するときに罠のところに実を置いた。フォレジングで摘んだ実は、ゼリーにして食べられた。硬い木の幹や枝は、実用的で、様々な道具が作られた。剪定《せんてい》されやすいため、現在では、一般家庭の生垣にセイヨウナナカマドが使われる。

広くヨーロッパからシベリア、さらにはトルコまで分布している。日本のナナカマドという名前は、枝を七回竈《かまど》にくべても焼けないというところからきている。そのため日本では備長炭にされた。

学名――Sorbus aucuparia
実の時期――八月から十月

V
冬に守られる命

湖水地方の冬は、春の訪れを今か今かと待ち続ける大切な時間である。春は必ずやってくる。その期待と希望を心の中に留めるようにして、湖水地方の自然は静かに、そして確実に春の準備をする。

湖水地方では、冬に守られる命が春を待つ。そして、春の新たな命への道のりがしっかりと目の前にあるのだ。

YEW

春の新たな命への道のり
ヨーロッパイチイ

ヨーロッパイチイの木は、一年の中の暗い時期である冬に、永遠に続く命を表しているとされる。

そして、何よりも、ヨーロッパイチイは、イギリスでは古代から存在することで知られている。実際、ウェールズのセント・シノグズ・チャーチ（St Cynog's Church）にある樹齢五千年を超えるヨーロッパイチイは、ヨーロッパ最古の木だとされている。大木に成長するが、成長は遅い。

昔、自生するヨーロッパイチイは、弓を作るために使われてきた。また、ナナカマドとは異なり、薪にも使われた。しかし、家具製造に適しているとわかると大量に伐採されてしまい、古い大木の数が減少する。森に自生しているが、大木が減り、現在では小さく低く育つように剪定されて、生垣によく使われている。

教会の庭には雄株と雌株の両方が植えられていることが多い。昔、その場所に教会が建てられてきたことを意味しているという。そのため、ヨーロッパイチイは、教会の墓地を守る役割を担っているとされ、死者や来世の象徴とみなされた。

ウェールズには、ヨーロッパイチイの森（Efridd yr Ywen）に住む妖精（Tylwyth Teg）の話が語り伝えられている。人間に破壊されて残った森の真ん中には最も大きな木があり、そこから大きな枝が広がり、ダンシング・プレイスと呼ばれる妖精たちのサークルを作り出していた。その森に二人の農夫が紛れ込み、大きな木のところまできて、そこで居眠りをする。その間に一人が失踪する。仲間は彼が先に村に戻ったと思い帰宅するが、戻っていない。魔法使いが、一年後の同じ時間に同じ場所に行かなければ失踪者は戻ってこないとアドバイスをする。そこで、一年後に失踪者を探し出すという話である。彼は、一年間、妖精の小人たちと踊り続けていたのだった。

ヨーロッパイチイの果実時期は八月から十月であるが、実は途中で黒から赤に変わる。黒い実には毒性があるが、赤い実は食用となる。

ヨーロッパイチイはヨーロッパに自生しており、現在では北東アフリカやアジアにも自生する。

学名——Taxus baccata

開花時期——三月から四月

エピローグ

この本は、私が湖水地方とその周辺でフェルウォーキング（fell walking）をしていた時に野の花たちと出会ったことから始まった。二〇一八年秋から二〇一九年秋まで、在外研究でランカスター大学の客員研究員としてイギリスに滞在した時のことである。

ランカスターは、イギリス湖水地方の入り口であり、そこから電車でもバスでも湖水地方へは気軽に訪れることができた。研究で疲れると、湖水地方とカンブリア州とランカシャーの自然保護地区に何度も足を運んだ。探索用の地図や本を入手して、一年間にわたり一つ一つトレッキングコースを一人で歩き、風景や草木の写真を撮った。

最初は出会った草木の写真を撮るだけだったが、ランカスターのマーケットに出ている古本屋でポケットサイズの花の本を買い求め、花の名前を調べるようになっていった。それ以来、そのポケット版の花の本を持って、次のフェルウォーキングへと行った。ランカスターのマーケットに行くたびに、そのポケット版のシリーズを買い求めるようになる。

そのポケット版は、本書の参考文献にも記載している、ノーフォーク出身の自然愛好家で在野の植物学者であるE・A・エリス（E.A. Ellis）が書いたものである。エリスは一九〇九年生まれで、一九二八年から一九五六年までノリッジのカースル美術館の自然史の学芸員として働いた。彼自身人里離れたコテージに住み、自然に囲まれて生活した。ノーフォークのナチュラリスツ・トラストの副会長となり、『ガーディアン（*The Guardian*）』紙などのコラムを担当したり、BBCミッドランドでテレビとラジオの番組を担当したりした。一九七〇年に、イースト・アングリア大学から博士号を授与された。

エリスのポケット版シリーズ無くして、私の野の花探索は不可能だった。その後、イギリス滞在中も、日本に帰国してからも、イギリスの植物や野生の植物に関する書籍を収集したが、エリスのポケット版は最後まで必要不可欠な資料だった。

本書は、エリスの後に続いてイギリスの自然を愛した多くのイギリスの在野の植物学者や植物愛好家たちが記した書籍が無ければ書き続けることはできなかった。

本書に記した植物の効用や食用に関しては、民間に伝わるものが多いので、実際にはより専門的な知識が必要であることをお伝えしたい。本書では民間伝承を一つの文化遺産としてのみとらえていることをご理解いただきたい。

また、本書は一般書であるため、専門的な表記や引用は避けたが、巻末に参考文献リストをあげた。リストは基本的にＭＬＡ書式の最新版に概ね基づいているが、ホームページなどに関しては省略した。また地名や人名の原文は、必要と思われるものにのみ入れた。

今回本書に載せた写真は、全て湖水地方を含むカンブリア州とランカシャーで撮ったものである。その中で、マルタゴンリリーと開花したレディース・スリッパー・オーキッドだけが写真に収めることができなかった。それらの中には、園芸種と交わったものもあるかもしれない。しかし、これらの野の花や木に出会えたことは大きな宝となり、私も在野の植物愛好家として、その軌跡を残したいと思った。

イギリスで現在も活動している在野の植物愛好家たちに、この本を贈りたい。

最後となってしまったが、本書を出版するにあたり大変お世話になった春風社の岡田幸一氏には心からの感謝を申し上げたい。

二〇二三年六月

臼井雅美

参考文献

（英文、邦文とも、著者の姓のアルファベット順）

◆邦文および和訳

東信、椎木俊介『植物図鑑4』、青幻社、二〇一九年。

バターワース、ジェイミー編『世界で親しまれている五〇の園芸植物図鑑』、上原ゆう子訳、原書房、二〇二一年。

ブリッケル、クリストファー編『新・花と植物百科』、塚本洋太郎監訳、角川書店、二〇〇一年。

エドワース、アンバー『プラント・ハンティングの歴史百科――44の植物の発祥と伝搬の物語』、美修かおり訳、原書房、二〇二二年。

英国王立園芸協会監修、クリストファー・ブリッケル編集責任『A－Z園芸植物百科事典』、横井政人監訳、誠文堂新光社、二〇〇三年。

船山信次『禁断の植物園』、山と渓谷社、二〇二二年。

河村錠一郎『イギリスの美、日本の美』、東信堂、二〇二一年。

河野芳英『ピーターラビットの世界へ――ビアトリクス・ポターのすべて』、河出書房新社、二〇一六年。

キングドン＝ウォード、フランク『植物巡礼――プラント・ハンターの回想』、塚谷祐一訳、岩波文庫、一九九九年。

金城盛紀『花のイギリス文学』、研究社、一九九七年。

――『シェイクスピア花苑』、世界思想社、一九九〇年。

北野佐久子『ビアトリクス・ポターを訪ねるイギリス湖水地方の旅』、大修館書店、二〇一三年。

クタェイブ、カサンドラ＝リア『薬草ハンター、世界をゆく』、駒木令訳、原書房、二〇二二年。

三谷康之『事典イギリスの民家と庭文化』、日外アソシエーツ、二〇二一年。

小田友弥『ワーズワスと湖水地方案内の伝統』、法政大学出版局、二〇二一年。

ポター、ビアトリクス『あひるのジマイマのおはなし』、石井桃子訳、福音館書店、二〇〇二一年。

――『のねずみチュウチュウおくさんのおはなし』石井桃子訳、福音館書店、二〇二一年。

――『まちねずみジョニーのおはなし』、石井桃子訳、福音館書店、二〇二一年。

――『パイがふたつあったおはなし』、石井桃子訳、福音館書店、二〇二一年。

――『ピーターラビットのおはなし』、石井桃子訳、福音館書店、二〇二一年。

――『りすのナトキンのおはなし』、石井桃子訳、福音館書店、二〇二一年。

――『セシリ・パセリのわらべうた』、石井桃子訳、福音館書店、二〇二一年。

――『妖精のキャラバン』、久野暁子訳、福音館書店、二〇〇〇年。

レオン、エレン『英国レシピと暮らしの文化史』、村山美雪訳、原書房、二〇二〇年。

シモンズ、モンク他著『世界薬用植物図鑑』、柴田譲治訳、原書房、二〇二〇年。

白幡洋三郎『プラントハンター』、講談社学術文庫、二〇〇五年。

スキナー、C・M『花の神話伝説事典』、垂水雄二・福屋正修訳、八坂書房、二〇一六年。

スミソニアン協会、キュー王立植物園監修『FLOAO図鑑植物の世界』、金成希他訳、東京書籍、二〇一九年。

テリー、ヘンリー『イギリス野の花図鑑』、海野弘・森ゆみ訳、パイインターナショナル、二〇一八年。

トロティニョン・エリザベート『ちいさな手のひら事典薬草』、新田理恵監修、ダコスタ吉村花子訳、グラフィック社、二〇二一年。

トンプソン、アンディ『イギリスの美しい樹木——魅力あふれる自生の森』、山田美明訳、創元社、二〇一四年。

遠山茂樹『森と庭園の英国史』、文藝春秋、二〇〇二年。

辻丸純一『ピーターラビットのすべて——ビアトリクス・ポターと英国を旅する』、河野芳英監修、小学館、二〇一六年。

臼井雅美『赤バラの街　ランカスター便り』、PHPエディターズ・グループ、二〇一九年。

——『ビアトリクス・ポターの謎を解く』、英宝社、二〇一九年。

——『イギリス湖水地方　アンブルサイドの女神たち』、英宝社、二〇二一年。

——『イギリス湖水地方　モアカム湾の光と影』、英宝社、二〇二二年。

——『イギリス湖水地方におけるアーツ・アンド・クラフツ運動』、英宝社、二〇二三年。

◇英文

Allaby, Michael. *The Woodland Trust Book of British Woodlands*. David and Charles, 1986.

Asa, G, and A. Riedmiller. *Trees of Britain & Europe*. 1987. Trans. by Martin Walters, HarperCollins Publishers, 1994.

Bain, Rowan. *William Morris's Flowers*. Thames & Hudson, 2019.

Blight, Graham, ed. *The North West and the Lakes*. Frances Lincoln, 2008.

Buckley, Norman, and June Buckley. *Walking with Beatrix Potter: Fifteen Walks in Beatrix Potter Country*. Frances Lincoln, 2007.

Desmond, Ray. *The History of the Royal Botanic Gardens, Kew*. Kew Publishing, 2007.

Dunn, Jon. *Orchid Summer: In Search of the Wildest Flowers of the British Isles*. Bloomsbury Publishing, 2018.

Ellis, E. A. *Wild Flowers of the Chalk and Limestone*. Jarrold Colour Publications, 1977.

———. *Wild Flowers of the Coast*. Jarrold Colour Publications, 1972.

———. *Wild Flowers of the Hedgerows*. Jarrold Colour Publications, 1971.

———. *Wild Flowers of the Woodlands*. Jarrold Colour Publications, 1973.

Farley-Brown, Rebecca. *Guide to Flowers of Walks and Waysides*. Field Studies Council, 2017.

Grison, Geoffrey. *Wild Flowers in Britain*. Hon-no-Tomosha, 1997.

Hessayon, D. G. *The Armchair Book of the Garden.* Pbi Publications,1986.

Hutchinson, John. *British Wild Flowers.* Penguin Books, 1955.

Inkwright, Fez. *Folk Magic and Healing: An Unusual History of Everyday Plants.* Liminal 11, 2021.

Johnson, C. Pierpoint. *British Wild Flowers.* Wordsworth Editions, 1989.

King, Amy M. *Bloom: the Botanical Vernacular in the English Novel.* Oxford UP, 2003.

King, Ronald. *Royal Kew.* Constable, 1985.

Lear, Linda L. *Beatrix Potter: A Life in Nature.* St. Martin's Press, 2007.

Lippert, W.,and D. Podlech. *Wild Flowers of Britain & Europe.* Trans. by Martin Walters, HarperCollins Publishers, 1994.

McDowell, Marta. *Beatrix Botter's Gardening Life: the Plants and Places that Inspired the Classic Children's Tales.* Timber Press, 2013.

O'Brien, James. *Orchids: with Eight Coloured Plants.* J.C. & E.C.Jack, nd.

Phillips, Roger. *Wild Flowers: of Britain and Ireland.* Macmillan, 2022.

Potter, Beatrix. *Cecily Parsley's Nursery Rhymes.* Frederick Warne, 1922.

———. *The Fairy Caravan.* 1929. Frederick Warne, 1952.

———. *Peter Rabbit's Almanac for 1929*. Frederick Warne, 1929.

———. *The Tale of Jemima Puddle-Duck*. Frederick Warne, 1908.

———. *The Tale of Johnny Town-Mouse*. Frederick Warne, 1918.

———. *The Tale of Mrs. Tittlemouse*. Frederick Warne, 1910.

———. *The Tale of Peter Rabbit*. Frederick Warne, 1902.

———. *The Tale of the Pie and the Patty-Pan*. Frederick Warne, 1905.

———. *The Tale of Squirrel Nutkin*. Frederick Warne, 1903.

———. *The Tale of Tom Kitten*. Frederick Warne, 1907.

Rackham, Oliver. *Trees and Woodland in the British Landscape: The Classic, Beguiling History of Britain's Trees, Woods and Hedgerows*. 1976. Weidenfeld and Nicolson, 1990.

The Reader's Digest Association, ed. *Filed Guide to the Wild Flowers of Britain*. The Reader's Digest Association, 1981.

Richardson, Rosamond. *Britain's Wildflowers*. National Trust, 2017.

Robinson, Fanny. *The Country Flowers of a Victorian Lady*. Apollo Publishing, 1999.

Rose, Francis. *The Wild Flower Key*. Warne, 2006.

The Royal Horticultural Society. *Treasury of Garden Verse*. Frances Lincoln, 2003.

Schneidau, Lisa. *Botanical Folk Tales of Britain and Ireland*. The History Press, 2019.

Scott, Michael. *Mountain Flowers*. Bloomsbury Wildlife, 2019.

Shirreffs, Deirdre A. *Out and About: Discovering British Wild Flowers*. Brambleby Books, nd.

Step, Edward. *Wayside and Woodland Blossoms: A Pocket Gide to British Wild Flowers for the Country Rambler*. Wentworth Press, 2016.

Streeter, David. *Collins Wild Flower Guide*. Harper 360, 2016.

———. *The Wild Flowers of the British Isles*. Midsummer Books, 1998.

Todd, Cameron. *Wild Flowers at Home*. Gowans & Gray, 1913.

Wilson, Margaret Erskine. *Wild Flowers of Britain: Month by Month*. Merlin Unwin Books, 2016.

【著者】
臼井雅美（うすい・まさみ）
一九五九年神戸市生まれ　博士（文学）
現在、同志社大学文学部・文学研究科教授

神戸女学院大学卒業後、同大学院修士課程修了（文学修士）、一九八七年ミシガン州立大学修士課程修了（M.A.）、一九八九年博士課程修了（Ph.D.）。ミシガン州立大学客員研究員を経て、一九九〇年広島大学総合科学部に専任講師として赴任。同大学助教授、同志社大学文学部助教授を経て、二〇〇二年より現職。

著書：*A Passage to Self in Virginia Woolf's Works and Life*（二〇一七年）、*Asian/Pacific American Literature I: Fiction*（二〇一八年）、*Asian/Pacific American Literature II: Poetry*（二〇一八年）、*Asian/Pacific American Literature III: Drama*（二〇一八年）、『記憶と共生するボーダレス文学：9・11プレリュードから3・11プロローグへ』（二〇一八年）、『カズオ・イシグロに恋して』（二〇一九年）、『赤バラの街ランカスター便り』（二〇一九年）、『ビアトリクス・ポターの謎を解く』（二〇一九年）、『不思議の国のロンドン』（二〇二〇年）、『ボーダーを超えることばたち——21世紀イギリス詩人の群像』（二〇二〇年）、『記憶と対峙する世界文学』（二〇二一年）、『ふだん着のオックスフォード』（二〇二一年）、『イギリス湖水地方アンブルサイドの女神たち』（二〇二一年）、『イギリス湖水地方モアカム湾の光と影』（二〇二二年）、『ブラック・ブリティッシュ・カルチャー——英国に挑んだ黒人表現者たちの声』（二〇二二年）、『イギリス湖水地方におけるアーツ・アンド・クラフツ運動』（二〇二三年）。

イギリス湖《こ》水《すい》地《ち》方《ほう》——ピーターラビットの野《の》の花《はな》めぐり
Peter Rabbit's Wild Flower Journey in the English Lake District

二〇二三年九月二四日　初版発行

著者　臼井雅美《うすい　まさみ》（Masami Usui）
発行者　三浦衛
発行所　春風社　*Shumpusha Publishing Co.,Ltd.*
横浜市西区紅葉ヶ丘五三　横浜市教育会館三階
〈電話〉〇四五・二六一・三一六八　〈FAX〉〇四五・二六一・三一六九
〈振替〉〇〇二〇〇・一・三七五二四
http://www.shumpu.com　✉ info@shumpu.com

装丁・レイアウト　矢萩多聞
印刷・製本　シナノ書籍印刷株式会社
乱丁・落丁本は送料小社負担でお取り替えいたします。

ISBN 978-4-86110-878-5 C0098 ¥2200E